卢西亚诺·弗洛里迪　Luciano Floridi

图灵革命引爆者

THE 4TH REVO-LUTION

How The Infosphere Is Reshaping Human Reality

从历史明珠罗马走出的信息哲学领军人

罗马，历史长河里的一颗明珠，从这里走出了无数哲学与文学名人。它一直是新文明的诞生地。

1964 年 11 月 16 日，卢西亚诺·弗洛里迪出生在罗马。高中毕业后，他考入了罗马第一大学（"La Sapienza" University of Rome），于 1988 年以优异的成绩获得学士学位，并获评"优秀毕业生"。次年，他去往英国留学，在常春藤名校华威大学（University of Warvick）攻读硕士及博士学位，并师从著名逻辑学家苏珊·哈克（Susan Haack）与哲学家迈克尔·达米特（Michael Dummett）。因为成绩优异，弗洛里迪 1990 年一毕业就被任命为华威大学的哲学讲师。同年，他同时加入牛津大学的计算机科学系和哲学系。在加入哲学系的第一年，弗洛里迪就成为牛津大学沃尔森学院（Walfson College）的初级哲学研究员；4 年后，便被聘为伦敦大学沃伯格研究院（Warburg Institute）弗朗西斯·叶茨研究员（Francis Yates Fellow）；2006 年，成为享誉世界的牛津大学圣十字学院（St Cross College）特选高级研究员；2008 年，被聘为牛津大学哲学与伦理信息教授。在牛津大学，弗洛里迪创办了牛津大学跨系研究小组信息伦理小组（IEG），开始从事哲学和计算机科学的跨学科研究，并担任牛津大学互联网研究院主任，在这个研究院里做研究的，还有"大数据时代的预言家"、畅销书《大数据时代》作者迈尔-舍恩伯格。

多年对信息哲学研究的丰富经历，让弗洛里迪在信息哲学基础研究与信息哲学伦理学研究两个领域颇有建树，成为全球当之无愧的信息哲学领军人，被誉为意大利科学、技术与伦理领域最具影响力的思想家之一。

Luciano Floridi

影响谷歌的科技思想家

自从欧盟最高法院裁定，允许普通公民享有"被遗忘权"后，全球搜索引擎巨头谷歌公司便为此特别成立了受理"被遗忘权"的顾问委员会，协助审核删除请求。在包括董事长埃里克·施密特（Eric Schmidt）、首席法律顾问大卫·德拉蒙德（David Drummond）在内的 7 人顾问委员会内，有个特殊的人物赫然在列，他就是弗洛里迪。为什么谷歌需要弗洛里迪这样的思想家？这并不让人费解，因为谷歌必须在网络信息自由与公民权利之间做到平衡，而弗洛里迪是帮助程序员们设定删除哪些内容标准的不二人选。

弗洛里迪曾这样比喻过哲学和科技之间的关系："哲学是土壤，科技则是鲜花，土壤与鲜花的健康成长密不可分。如果你认为自己是一朵鲜花，就一定要照顾好你的土壤；如果你是土壤，就要照顾好鲜花。"

THE 4TH REVO- LUTION

How The Infosphere Is Reshaping Human Reality

人类认知新时代开创者

弗洛里迪指出，人类在经历了哥白尼革命、达尔文革命、神经科学革命之后，自我认知已经开始第四次革命，即图灵革命。人类的生活正因此发生重大而深远的变化，并主张自己的直觉是有理解力的，因为人类正在经历第四次革命。在这次革命中，人类在宇宙中所扮演的角色将会被重新定位，而"人性"一词也会获得新的解释。

图灵革命对于整个人类社会来说是一次巨大的冲击，但也会重塑人类社会政治、隐私与环境的方方面面，对人类伦理提出了巨大的挑战。如果不认真对待这个事实的话，我们将陷入深深的麻烦之中，未来人类的生存之地也将不复美好。

作者演讲洽谈，请联系
speech@cheerspublishing.com

更多相关资讯，请关注

湛庐文化微信订阅号

中国人工智能学会·丛书·

LUCIANO FLORIDI

THE 4TH REVOLUTION

HOW THE
INFOSPHERE
IS RESHAPING
HUMAN REALITY

第四次革命

人工智能如何重塑人类现实

[意] 卢西亚诺·弗洛里迪（Luciano Floridi）◎著

王文革◎译

浙江人民出版社
ZHEJIANG PEOPLE'S PUBLISHING HOUSE

机器人与人工智能，下一个产业新风口

· 湛庐文化"机器人与人工智能"书系重磅推出 ·

60 年来，人工智能经历了从爆发到寒冬再到野蛮生长的历程，伴随着人机交互、机器学习、模式识别等人工智能技术的提升，机器人与人工智能成了这一技术时代的新趋势。

2015 年，被誉为智能机器人元年，从习近平主席工业 4.0 的"机器人革命"到李克强总理的"万众创新"；从国务院《关于积极推进"互联网 +"行动的指导意见》中将人工智能列为"互联网 +"11 项重点推进领域之一，到十八届五中全会把"十三五"规划编制作为主要议题，将智能制造视作产业转型的主要抓手，人工智能掀起了新一轮技术创新浪潮。Gartner IT 2015 年高管峰会预测，人类将在 2020 年迎来智能大爆炸；"互联网预言家"凯文·凯利提出，人工智能将是未来 20 年最重要的技术；而著名未来学家雷·库兹韦尔更预言，2030 年，人类将成为混合式机器人，进入进化的新阶段。而 2016 年，人工智能已经大放异彩。

国内外在人工智能领域的全球化布局一次次地证明了，人工智能将成为未来 10 年内的产业新风口。像 200 年前电力彻底颠覆人类世界一样，人工智能也必将掀起一场新的产业革命。

值此契机，湛庐文化联合中国人工智能学会共同启动"机器人与人工智能"书系的出版。我们将持续关注这一领域，打造目前国内首套最权威、最重磅、最系统、最实用的机器人与人工智能书系：

● **最权威，人工智能领域先锋人物领衔著作。**该书系集合了人工智能之父马文·明斯基、奇点大学校长雷·库兹韦尔、普利策奖得主约翰·马尔科夫、人工智能时代领军人杰瑞·卡普兰、数字化永生缔造者玛蒂娜·罗斯布拉特、图灵奖获得者莱斯利·瓦里安和脑机接口研究先驱米格尔·尼科莱利斯等 10 大专家的重磅力作。

● **最重磅，湛庐文化联合国内这一领域顶尖的中国人工智能学会，特设"机器人与人工智能"书系专家委员会。**该专家委员会包括中国工程院院士李德毅、驭势科技（北京）有限公司联合创始人兼 CEO 吴甘沙、地平线机器人技术创始人余凯、IBM 中国研究院院长沈晓卫、国际人工智能大会（IJCAI）常务理事杨强、科大讯飞研究院院长胡郁、中国人工智能学会秘书长王卫宁、微软亚洲研究院常务副院长芮勇、达闼科技创始人兼 CEO 黄晓庆、清华大学智能技术与系统国家重点实验室主任朱小燕、《纽约时报》高级科技记者约翰·马尔科夫、斯坦福大学人工智能与伦理学教授杰瑞·卡普兰等专家学者。他们将以自身深厚的专业实力、卓越的洞察力和深远的影响力，对这些优秀图书进行深度点评。

● **最系统，从历史纵深到领域细分无所不包。**该书系几乎涵盖了人工智能领域的所有维度，包括 10 本人工智能领域的重磅力作，从人工智能的历史开始，对人类思维的创建与运作进行了抽丝剥茧式的研究，并对智能增强、神经网络、算法、克隆、类脑计算、深度学习、人机交互、虚拟现实、伦理困境、未来趋势等进行了全方位解读。

● **最实用，一手掌握驾驭机器人与人工智能时代的新技术和新趋势。**你可以直击工业机器人、家用机器人、救援机器人、无人驾驶汽车、语音识别、虚拟现实等领域的国际前沿新技术，更可以应用其中提到的算法、技术和理念进行研究，并实现个人与行业的大发展。

在未来几年内，机器人与人工智能给世界带来的影响将远远超过个人计算和互联网在过去 30 年间已经对世界造成的改变。我们希望，"机器人与人工智能"书系能帮助你搭建人工智能的体系框架，并启迪你深入发掘它的力量所在，从而成功驾驭这一新风口。

ROBOT & ARTIFICIAL INTELLIGENCE SERIES

机器人与人工智能书系
·专家委员会·

回到浪潮之巅

在线数字设备的增长正在快速影响着社会、经济和人们的生活。现在，中国以具有一流且极具影响力的互联网产业而自豪。

成千上万的人正在成为数字时代的原住民

2016 年 1 月 22 日，中国互联网网络信息中心（CNNIC）发布了第 37 次《中国互联网络发展状况统计报告》。报告表明：截至 2015 年 12 月，中国网民规模达到 6.88 亿，互联网普及率达到 50.3%，中国居民上网人数已过半。移动互联网引领了崭新的生活方式，"互联网 +"行动计划不断推动企业的发展。互联网对整个社会的影响已经进入到了一个全新的层面。报告还指出，2015 年中国新增网民 3 951 万人，增长率为 6.1%，较 2014 年提升 1.1 个百分点，网民规模增速有所提升。和世界上的其他地方一样，在中国，使用手机接入互联网已经变得越来越流行，这也推动了手机网民规模的增长。截至 2015 年 12 月，中国手机网民规模达 6.20 亿，较 2014 年年底增加 6 303 万人。网民中使用手机上网人群的占比由 2014 年 85.8% 提升至 90.1%，手机依然是拉动网民规模增长的首要设备，仅通过手机上网的网民达到 1.27 亿，占整体网民规模的 18.5%。

在其他领域，第37次《中国互联网络发展状况统计报告》中给出的所有数字都体现了显著增长。例如，中国域名总数为 3 102 万个，其中".cn"域名总数年增长为 47.6%，达到 1 636 万个，在中国域名总数中占比为 52.8%，它已经超过德国的".de"域名，成为最大的国家代码顶级域名 (ccTLD)。**城市也正变得"智能"和"无线"，成千上万的人现在都成了数据时代的原住民。**2015 年，中国企业计算机使用比例、互联网使用比例、固定宽带接入比例相比 2014 年分别上升了 4.8 个、10.3 个和 8.9 个百分点。总体比例达到了 95.2%、89.0% 和 86.3%。阿里巴巴、百度和腾讯等公司在全球范围内都已经家喻户晓。

图灵革命，人类自我认知的新机遇

很明显，中国正快速步入信息社会。在从一个"四不像"到数字世界的进化过程中，中国文化对这种根本性变化的本质将进行了深刻反思。

哲学的历史看起来有一点像正弦曲线（或者说是过山车，如果你喜欢的话）。它先起后落，再起，又落。当上升到波峰时，就是创新时代，这一阶段我们解决哲学问题。这时，哲学在属于它的时代里邂逅了这些开放性的根本问题。一旦问题被成功解决，它将与自己的镜像陷入爱河，而这一镜像对于任何一个思辨的人来说都是美丽且有吸引力的。像纳喀索斯一样，哲学沉沦于其镜像的美丽中，无法自拔。当下降到波谷时，就是学术时代，这一阶段我们解决哲学家的问题。在《第四次革命》这本书中，我将尝试说明图灵革命①是革新哲学和再次攀上一个新波峰的绝好机会。

毫无疑问，今天的学术哲学过于自我沉醉。如果可以让它去观察这个世界而不是其自身，就再好不过了。而且，这个世界本身急需哲学洞见和新概念的设计。当

---

① 图灵革命，继哥白尼革命、达尔文革命、神经科学革命之后人类社会经历的第四次革命，对人类社会进行了全面重塑。这一革命由信息与通信技术（information and communication technologies，ICTs）引发，故也称"图灵革命"。——编者注

创造信息社会、塑造这个上亿人将花费越来越多的时间生活于其中的全新数字环境，以及重新思考我更愿意称之为"人类计划"的项目时，我们需要用哲学武装自己。但我们需要的是哪种哲学？在我看来，我们要的应该是具有深刻变革性的哲学，而这场变革正是由信息与通信技术所引起的。

就像我在前面所说，在世界上几乎所有地方，人类生活中没有任何一个方面还未被信息与通信技术所触及：教育、工作、社会关系与人际交往、娱乐、政府管理、政治、艺术、文学、大众媒体、法律、健康、商业、工业、通信、科学等。很难想到有什么东西还没有被这场图灵革命所转变或是重新定义。这意味着，**旧的哲学问题正在升级，我们需要思考个人身份、知识的本质、科学的基础等问题。**

但事实是，新的哲学问题更加突出：

- 什么是信息的本质？
- 信息社会的社交有什么不一样？
- 我们可以调和人类的自由和智能机器对这份自由的可预见性之间的矛盾吗？
- 在隐私和安全之间，我们又能找到怎样的平衡？

这些只是众多问题中的一些例子。很明显，信息哲学并不是说为了下一个产品或新应用而发展出某种理论。与那些由信息与通信技术引起的深层转变有关，它事关我们怎样理解这个世界，也就是认识论和形而上学；事关我们如何解释万物，也就是语义学；事关我们如何抽象化自身，以及我们认为自己是什么或会成为什么，也就是教育、身份和哲学人类学等理论；事关我们如何相互交往，如何管理和塑造合作关系、冲突关系以及如何才能建造自己想要的社会，也就是社会、经济、政治和法律构思。信息与通信技术及其正在创造的信息圈为我们的生活、思考和交往提供了崭新的环境。当然，这正是哲学应该尝试解释并帮助去正确塑造的东西。因此，这最终是一个道德问题，或者以一种我比较倾向的方式来说，是一个网络环境道德

问题。是时候回到浪潮之巅了。

在不确定性中，寻找新的确定性

为了做到这一点，我们必须用一种崭新视角重新找回控制和力量之间的恰当平衡。请允许我稍作解释。

一方面，被广泛接受的英美分析哲学精于控制哲学论述。精准的词汇、逻辑性、严谨的差异性、科学信息、实证或思想实验、数学公式、统计数据、清晰且有说服力的论据、用分块和推理的方式讨论问题……通过这些方式，分析哲学可以对哲学问题施以极高的控制力。不足的是，如此多的技术控制最终都有可能沦为无用功，变得琐碎且不适，也就是我上面所说的哲学家问题。正如伟大的英国哲学家约翰·洛克（John Locke）曾说过的，逻辑学家一刻不停地削着他们的铅笔，却从不动笔写字。这种对哪些东西施加控制的观念如果最终演化到决定哲学研究范围的程度，情况就会变得更糟糕。

另一方面，同样被广泛接受的欧洲大陆哲学善于用其强大的思考能力去丰富哲学论述。生动形象的词汇、修辞手法、学术文献、文学、艺术、诗歌、社会政治分析、历史事实和推理，以一种叙述性的风格，假设其存在和宗教式的方法处理问题……通过这些方式，大陆哲学可以将深刻且有力的东西加入到哲学问题中去。但是，如此丰富且有力的填充物也许会溢得到处都是，从而变得模糊不清、没有条理，并让人困惑不已，甚至有时会成为彻头彻尾的错误。在这种情景下，如果这些填充物的力量最终助长了非理性和对逻辑的不耐烦，或是促成了反科学的观点、相对主义、蒙昧主义和玄学，情况同样会变得更糟。

如倍耐力（Pirelli，一家轮胎公司）的著名广告语所说，"没有制动，动力一无所用"，反过来形容没有动力的制动同样适用。最好的哲学（正如正弦曲线的波峰）永远将理性控制和强有力的观点相结合。这也是我希望能够重新获得的新视角，很明显我们现在需要它。说到信息哲学,我唯一的希望就是它会逐渐成熟并成为第一哲学。假若这一点没有实现的话,信息哲学为我们提供强有力且被能够被控制的思想的任务也就宣告失败了。而我们需要这些思想去塑造"人类计划"并使之有意义。这是我想说的最后一点。

在 21 世纪,我们需要从设计的角度去探讨哲学。哲学处理的是开放性问题,这些问题被事实和数字所约束,但最终的解决却并不依赖于这两者。在开放性问题中,双方可以获知详情,理性且不执拗于自己的观点,不满于双方可以勉强接受的方案。当我们可以为开放性问题的解决设计(不是发现或创造)方法时,我们就进步了。但是,使用形而上学的方法也就意味着忘记了哲学家伊曼努尔·康德(Immanuel Kant)的教诲,而沉迷于一种幻象。在这种幻象中,我们只讨论事实本身,而不接受任何层面的抽象,而这些层面的抽象也许可以让问题被很好地解决。就好像两个人否认一辆二手汽车的价值,却不试着去接受这辆车的价值(它包含了财务价值、历史价值、情感价值、行驶费用效率价值等)必须通过一系列的考量来决定。

哲学问题正因为深含哲理,所以从本质上来说是允许存在分歧的,因此这些问题的答案也就不止一个了。即使在数学问题中,我们都已经对等式的多个解、有无穷多解、根本无解或是只能给出近似解习以为常。哲学问题与此类似。如果我们想要找到它们的答案,就必须放弃所有的绝对形而上学理论,转而使用一种推理的方法去阐明抽象的各个层面,而所提及的问题在这些层面将真正可以被解答,进而接受更多的约束。最终,你会发现有很多解决方案,并可以根据某一个层面的优先目标,确定其中较为优秀的方案。很多哲学家的问题在于没有说清楚这一点,从而引起了无休止的谩骂、争吵,最后免不了关起门来做学问或变成学术垄断。

信息社会的出现与现有哲学的重大转变和信息哲学的诞生息息相关。举例来说,哲学观点和历史事件没有什么不同,都有着启蒙时刻。这些宏观的变化已经让我们尝试着对眼前发生的一切作出解释,并意识到这是一次大范围和深层次的蜕变。因此，诸如"奇点"、"后人类主义"（posthumanism）、"赛博文化"（Cyberculture）等流行观点在最坏的情况下将成为无用的哲学"万灵油"；在最好的情况下将是成长过程中伤痛的见证：我们很疑惑，寻找着新的确定性，急需富有指导性的框架，所以我们采取了一种不断讲故事的方式。这些故事有的很振奋人心，有的则让人害怕，但都是异想天开。**我们要做的是为自己的时代创造出一套稳健、可控、内容丰富且属于它自己的哲学**。这不应该通过一些奇怪的推理去完成，但也不能委派给"科学家或 IT 工作者去解决"。因为他们通常并不负责解决开放性问题，或是设计解答这些问题的必要思路，抑或是达成塑造世界并使其有意义的终极目标。而当应对这些问题时，他们往往会陷入一场极为天真的哲学辩论中。

我们需要概念设计和具有多重问题解决能力的专家，我们需要哲学家。

图灵革命，重塑人类未来

信息与通信技术是如何影响人类的自我意识及人类与这个世界的沟通方式，乃至人类改造世界的方法的？

随着纳米技术、物联网、Web 2.0、语义网、云计算、动作捕捉游戏（motion-capturing games）、智能手机 App、平板电脑与触屏技术、GPS、增强现实技术、无人驾驶飞机与汽车、可穿戴设备、3D 打印、身份盗窃、网络课程、社交媒体、网络战争等新技术或新词汇的不断涌现，无论是技术爱好者还是技术畏惧者，都会问同一个问题：**下一个创新是什么？** 哲学家们也在思考这些创新的背后逻辑，以及能否将所有这些现象归为一种单一的、微观的趋势。回答这一问题的困难在于，我们仍在把信息与通信技术看作人与外部世界、人与人之间沟通的工具。而事实上，它已经成了环境、人类学、社会等的发展甚至是解释外部世界的力量。**信息与通信技术正普遍、深刻而又无情地创造和重塑着人类的理论基础与现实基础，改变着人类的自我认知，重组着人类与自身以及与他人之间的联系，并升华着人类对这个世界的理解。**

图灵革命，一场信息时代的巨大变革

《第四次革命》力图去识别和解释一些深刻的技术力量，这些力量正影响着我们的生活、信仰和身边的所有事物。但是，本书并不是一本技术性或学术性的专著。**我们正在经历着一场意义深远的图灵革命，这场革命在很大程度上由信息与通信技术驱动**。每一代人都会觉得自己所处的世界比较特别，周遭的一切都是新颖的，所以我认为保持对事物的洞察力非常重要。请暂且忘记 1773 年 12 月 16 日的波士顿和 1789 年 7 月 14 日的巴黎①——现在的你生活在新千禧年，正处在信息圈之中。

图灵革命对于人类的未来来说是一个绝佳机会。所以，这也是一本"适度"乐观的书。之所以说"适度"，是因为它取决于我们将来是否能够充分利用信息与通信技术，并同时避免它可能造成的糟糕后果。我们如何才能获得信息与通信技术带来的益处呢？为了识别、整合、创造出最好的技术性转变，我们应该怎样做？在信息与通信技术世界逐渐发展成为一个信息与通信技术友好型环境的过程中，隐藏着哪些风险？技术会赋予我们能力、让我们变得更加强大，还是会束缚我们的身体和意识空间，并悄然地强迫我们服从它的指挥，只因为从某种意义上来说，这是让世界得以运转的最好且唯一的方法？信息与通信技术是可以帮助我们解决最紧迫的社会和环境问题，还是会进一步恶化这些问题？以上只是图灵革命所展现出的富有挑战性的问题中的一部分。许多人为阐明和解释这些问题付出了很多努力，我希望本书也能够对此有所贡献。如果对信息与通信技术给我们现在和未来的生活带来的影响有更深刻的理解，我们就能找到一条解决这些问题的更切实有效的路径，并使信息与通信技术转变为现实的众多机会。

尽管伴随着巨大的智力重担，信息与通信技术也带来了一个绝佳机会，我们必须理解它，并以正确的方式利用它。所以，这本书是写给每一位关心人类技术发展

① 1773 年 12 月 16 日指的是波士顿倾茶事件，这一事件最终引发了美国独立战争；1789 年 7 月 14 日，巴黎市民攻占巴士底狱，法国大革命爆发。——编者注

的人，写给每一个关心这些技术在可预见的将来是如何影响整个人类的人的原因。我会尽量将书中的复杂概念或现象通俗化，但这种通俗化与不切实际的、无用的曲解之间有一道分界线，我会尽己所能地不越过它。

作为一本写给非专业人士的读物，请允许我再多说几句。本书是一项浩瀚工程的一部分，这项工程企图在信息哲学的基础上去更新我们的哲学体系，将其与不同的历史时代联系起来，并突破学术研究围墙的藩篱。鉴于信息时代的黎明所带来的诸多前所未有的创新，许多根植于现代历史和整个工业社会的基本哲学观点即使无须被完全替换，也需要进行一些更新和完善，这一点不足为奇。也许这些改变在学术界还不会发生，也不会发生在实验室、智囊团研究中心和研发办公室，但是它们一定会发生在街头和互联网上。在那里，会有一种混杂着期望与担忧的氛围；一些变化正在发生，我们对世界、对自我的认知将会改变，对人与世界以及人与人之间交流方式的认识也将发生改变。这种氛围与意识并不是研究方案的结果，也不受拨款申请是否顺利获批的影响。它们更加真实、有力，但也更加难以辨别和把握。

洞比你想的要深

我们对世界的认知的改变，是从日常经验、心理和行为这些角度，对发生在眼前的迅速和不间断的变化进行日常调节的结果。在急匆匆地迈向未来之时，我们正通过塑造与适应那些尚未发展成熟的新形势去寻找一种新的平衡。创新的结果不再是由最初的颠覆性力量所决定，而是由退化为一种稳定的、"大体上一致"的模式所得。举个例子，就像汽车制造业和图书出版产业，在经历了最初的混乱和快速调整后，它们最终会趋于稳定。很明显，一门新的历史哲学会把我们所处的时代定义为历史时代的后期和超历史时代的开端。这门历史哲学通过发展新的自然哲学、新的哲学人类学以及一种综合环境论，构造人与世界之间的桥梁，形成人与人之间新的政治哲学。只要试着去理解我们面对的这种新的超历史时代困境，就能理解"赛博文化""后人类主义""奇点"及其他类似的流行观点。我认为这些词是其有指导性意义的，甚至是具有启发性的，即使它们还不那么让人信服。正如巴西人所说：洞比你想的要深，问题也比你想的更加复杂。我们需要进行一些严肃的哲学探索。这就是为什么在一个日益技术化的世界中，重新思考现在与未来等同于对新信息哲学所做的一次探索，而这种信息哲学可以应用于超历史时代的方方面面。正因为我们现在与文化的花叶紧密相连，我们才需要从文化的根部仔细观察并去滋养它们。

信息社会源于书写、印刷和大众传媒的发明，但直到最近，当信息与通信技术的记录与传输设备发展到拥有信息处理功能时，信息社会才真正成为现实。这些由信息与通信技术带来的广泛而深远的变化造成了一个巨大的理论缺口。很明显，我们需要用哲学装备自己，去完成眼前的艰巨任务。我们需要借助哲学去抓住信息的本质；去预测和掌握信息与通信技术对人类自身和环境所造成的道德影响；去增强经济、社会和政治领域的信息动态性；去构建正确的知识框架，来帮助我们语义化（定义与理解）我们面临的新困境。总而言之，为了我们所处的时代，我们需要将信息哲学作为时代的哲学。

逆流而上前，为自己建造一艘救生艇

我对应对眼前的这项艰巨任务并不抱幻想。在本书中，我只是简单地勾勒出一些想法，它们与历史时代哲学有关，如超历史时代哲学；与自然哲学有关，如信息圈哲学；与人类学有关，如哥白尼学说、达尔文学说、弗洛伊德学说等之后人类自我认识的第四次革命；与政治哲学有关，如多智能体系统（ multi-agent system ）的设计，其有望解决人类面临的全球性问题。所有这些都将引发更多道德关注和对环境关切度的提升，包括对那些虚拟的、数字的和人造的环境的关切。这样一个新 "电子环境" 伦理观应建立在整个信息圈及其组成部分的信息伦理之上。在书中，我只会提到这些观点，并概述为什么我们需要建立与之对应的道德基础。许多工作尚未完成，我迫切希望能有更多人加入这个行列。

　　逆流而上并不等于在惊慌中瞎扑腾，相反，纪律在这之中更加有必要。我们需要提升自己的知识水平，而不是听之任之。因此，我或许需要引用另一个与水有关的比喻，[①] 它是另一位维也纳学派哲学家奥托·纽拉特（Otto Neurath）所说的："即便没有救生艇，我们也不能白白淹死在一片模糊之中。"懒于思考只会加剧问题的严重性，我们需要作出理性的努力，并且在游泳前为自己建造一艘救生艇。我希望本书能够为这艘救生艇提供一些木材。

扫码关注"庐客汇"，
回复"第四次革命"，
先睹第四次革命真容！

---

① 显然，如果你身处那个年代的维也纳且不喜欢基础主义，水就是你的朋友。出生于维也纳的伟大哲学家卡尔·波普（Karl Popper）虽然从来不是维也纳学派的一员，却与之有着千丝万缕的联系，尤其是他用另一个水的比喻来形容科学："科学并不扎根于坚固的基石。科学理论的大体结构似乎是从沼泽中生长出来。它就像竖立在木桩上的建筑物，木桩从上面直插进沼泽中，但是没有到达任何自然的或'既定的'基底。假如我们停下来把木桩打得更深一些，这并不是因为我们已经达到了坚固的基础。我们只是认为，木桩在至少暂时坚固得足以支持这个结构的时候停下来。"

目 录

01　时间

|超历史时代，人类发展新纪元|

人类发展经历了三大时代：史前时代、历史时代与超历史时代。人类正在进入超历史时代，信息与通信技术越来越多地自主地去处理信息。未来，创新、福利和附加值都与此休戚相关。

人类发展的三大时代

指令，人机交互的根本

大数据，小模式

告别数字健忘症

连接整个世界

智能新趋势　超历史时代的机遇与挑战

04　自我认知 · 099 ·
|图灵革命，第四次革命|

人类经历了前三次革命——哥白尼革命、达尔文革命、神经科学革命，人类在宇宙中的特殊地位受到了威胁。而现在，第四次革命的种子已经播下。人类已不再是信息圈毋庸置疑的主宰，数字设备开始代替我们执行越来越多的原本需要人的思想来解决的任务。

05　隐私 · 117 ·
|信息摩擦，你就是你的信息|

隐私的道德问题已经成为超历史时代的关键性议题之一。匿名有可能会抵消信息摩擦减少带来的影响，然而新的信息与通信技术既可能会削弱也有可能会增强我们所享受的隐私程度。你的信息圈和你的个人身份是统一的，因此"你就是你的信息"。

06 人工智能
| 改写这个世界 | · 149 ·

对人类来说，宿命性的愚蠢会以各种不同的令人困惑的形式出现。不幸的是，对智能而言也是如此。在我们与机器之间有一道语义门槛，我们并不知道如何才能让机器跨过它。所以，我们开始让环境适应智能技术，以保证后者能与世界成功地交互。

07 智能体
| 为世界设定边界 | · 167 ·

信息与通信技术带来的最深层次的哲学问题是，它们怎样引导人类重新理解我们是谁、我们应该怎样与彼此互动。人类智能设计在影响未来人们的相互关系中起着重要的作用，它们或者通过即将发明的技术产品，或者通过人类和机器之间的互享信息，来影响相互之间的关系。

08　政治 ·195·

| 多智能体系统的崛起 |

我们正处于政治凋亡这一缓慢而渐进的过程中，这是主权国家发展到信息社会时所经历的渐进而自然的革新进程。历史时代的国家作为信息智能体的地位正在被政权、地域、组织和民主这些因素逐渐削弱。全球化在其政治意义上是去辖域化的。

多智能体，加速政治凋亡
新型信息秩序？
政治多智能体系统
自由的基本伦理，新的"道德方程式"
超历史时代的冲突与网络战争

○——　智能新趋势　国家的时代将不复存在

09　环境 ·233·

| 数字棋局 |

信息圈的发展正在危害生物圈的健康。智能信息与通信技术在环境危机中可能发挥巨大作用，虽然它们也可能是高能耗的，但在环境保护战役中，它们更可能会成为我们的主要盟友。在这盘和信息与通信技术的棋局中，时间变量至关重要。

人类世，高昂的环境代价

绿色棋局

智能新趋势　环保机器

你不是一个人在读书！

扫码进入湛庐"趋势与科技"读者群，

与小伙伴"同读共进"！

4TH THE REVOLUTION

01

时间

|超历史时代，人类发展新纪元|

人类发展经历了三大时代：史前时代、历史时代与超历史时代。人类正在进入超历史时代，信息与通信技术越来越多地自主地去处理信息。未来，创新、福利和附加值都与此休戚相关。

人类发展的三大时代

今天，世界上的人口比以往任何时候都要多，大多数人的寿命也更长。即使全球不平等程度仍颇受争议，不可否认的是，人均期望寿命在变长（见图 1-1），贫困现象也在不断减少（见图 1-2）。而目前，残疾已成为与人类健康相关的最大问题。

从更高的层面上说，至少在我们以一种明智的、和平和可持续的方式去使用与发展技术的情况下，图 1-1 和图 1-2 中所表现出的趋势已成常态。

有时，我们会忘记火石和车轮、火花和犁以及引擎和计算机曾对我们作出了多大的贡献。当我们将人类生活划分为史前时代和历史时代时，我们也许会记起自己对机器欠下的巨额"债务"。这样一条富有深意的分界线意味着，正是信息与通信技术的诞生和发展使得我们对一些问题有了不同的答案。这些问题包括我们曾经的生活方式、现在的生活方式，以及我将在本书中讨论的未来的生活方式。只有当各种系统开始记录信息，并为了满足人类未来的需要而积累和传递这些信息，且当这些留给后代的知识以一种温和的或者"拉马克式"

（Lamarckian）①的形式呈指数级增长时，人类才算进入了历史时代。

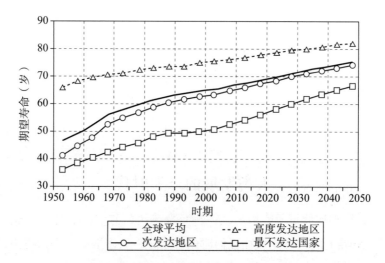

图 1-1　全球及不同发展水平国家的人均期望寿命（1950—2050）

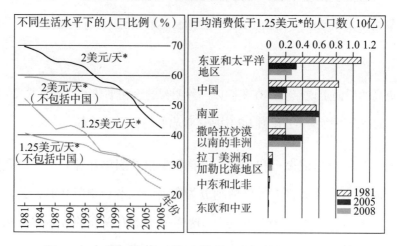

图 1-2　全球各地日均消费 1.25 美元以下的人口比例和数量

注：* 以 2005 年的购买力来衡量。

---

① 根据法国生物学家让·拉马克（Jean-Baptiste Lamarck）所说，一个生物有机体可以通过其努力将适应性改变传给后代，这种"前达尔文理论"被称为软继承（soft inheritance）。

因此，历史时代可以说是信息时代的同义词。这样一种推理思路意味着至少是自青铜时代以来，人类已经经历了数个不同的信息社会。美索不达米亚和一些其他国家早在青铜时代（公元前 4000 年）就发明了书写技术。事实上，苏美尔（今伊拉克东南部两河下游地区）的首都乌尔在公元前 3000 年是世界上最发达的中央集权城市。甚至在海湾战争（1991）和伊拉克战争（2003—2011）之前，那里仍然保留着一座存有成千上万个陶土盘的图书馆。它们记载的既不是爱情故事也不是历史典故，而主要是一些库存目录、商业交易记录以及行政文档。但是，乌尔并不是当我们谈及信息社会时脑海中浮现出的那个典型形象。这也许可以有很多种解释，但相比而言更为可信的一种解释是：**只有在近年来，人类的进步与福祉才开始紧紧地依赖于对信息生命周期成功而有效的管理，而不仅仅是与之相联**。我将在本章后文对这个周期予以更多讨论。但是，首先让我们弄清楚为什么这样一种依赖意味着人类在最近进入了超历史时代（见图 1-3）。

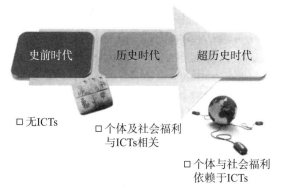

图 1-3　从史前时代到超历史时代

史前时代与历史时代这两个名词是在告诉我们那时的人类怎样生活，而不仅仅是他们生活在何时或居于何处。从这个角度来说，如今人类社会的生存方式已

经跨过了三个时代。对亚马孙河流域一个人数不明的封闭部落的多份研究报告显示，在第二个千禧年刚开始时，一些以史前时代方式生活的群体仍然存在。它们没有任何书面记录。一旦这些部落消失，或者说当这些部落消失的时候，人类进化史的第一个章节就将被画上句号。

目前，绝大多数人仍然以历史时代视角生活在一个依靠信息与通信技术来记录、传递和使用各类信息的社会。在这样一个社会里，由于其他技术，特别是与能源相关技术的重要性，信息与通信技术还没能超越它们。此外，世界上已经有一些人以一种超历史的方式在生活。在他们所生活的社会和环境里，在他们对社会福祉、个人安康和整体繁荣的维持或任何一点进步的取得中，信息与通信技术及其信息处理能力不仅十分重要，而且不可或缺。举个例子来说，七国集团的所有成员国，即加拿大、法国、德国、意大利、日本、英国和美国，都可以被认为已经进入超历史时代。这其中的每一个国家，至少有 70% 的 GDP 依赖于无形商品——而不是农业或者制造业加工后输出的实体商品，这些无形商品与信息密切相关。这些国家的经济严重依赖于信息化资产（知识型经济），信息密集型服务（特别是商业或属性服务、通信、金融、保险和娱乐），以及信息导向型政府产业（特别是教育、公共管理和卫生保健）。

冲突的本质将使这场一分为三的人类进化过程面临一次令人忧伤的考验。只有一个处于超历史时代的社会，才有可能从信息上受到威胁，例如网络攻击；**只有依靠数字生活的人，才有可能因数字而死**。我们将在第 8 章中讲述有关内容。

让我们回到乌尔。我们之所以不把乌尔看作一个信息社会，是因为它处于历史时代，而不是超历史时代。举例来说，其更多地取决于农业生产技术，而不是那些记录在陶土盘上的内容。苏美尔地区的闪族人发明了一种记录和传递基础知识的方法，从而使其他技术的缓慢进步成为可能，其直接结果就是加深了我们对更高层次技术的依赖。但是，这些信息与通信技术的记录与传递工具直到千年以后才进化到具备处理能力。这一变化发生在西方活字印刷术发明人约翰内斯·古腾堡（Johannes Gutenberg）与"计算机科学之父"艾伦·图灵（Alan Turing）之间的几个世纪里。这是一场信息与通信技术带来的、只有当代人类才能经历的根本性转变，而这场转变正在历史时代和超历史时代间画下一条分界线。

为了迎接超历史信息社会，我们不应当对信息与通信技术进化所需要的时间如此之长感到惊讶。信息的典型生命周期（见图1-4）通常包括以下阶段：产生与创造（发现、设计、编写等），记录，传递（网络化、访问、检索等），处理（收集、验证、合并、修正、组织、分类、筛选、更新、排序、存储等），以及使用（监控、建模、分析、解释、计划、预测、决策、指导、教育、学习、娱乐）等。

现在，不妨把图1-4想象成一台时钟和100万年后的某位史学家的作品。她也许会认为这样的一个时间段并不算长，甚至可以说是与之前的两次转变正好对称。从新石器时代到青铜时代，农业革命耗时整整6 000年，这之后又过了另一个6 000年，也即从青铜时代一直到第二个千禧年的后期，图灵革命才结出了果实。这位史学家也许会认为将人类的演化看作类似于一枚三级火箭会更加合理：在史前时代，没有信息与通信技术；在历史时代，信息与通信技术已经存在并被用于记录与传递信息，但是人类社会更依赖其他同基础性资源以及能源相关的技术；在超历史时代，信息与通信技术存在并被用于记录与传递信息，但更重要的是，被用于处理信息，而且越来越多地自主地去处理信息。

人类社会对信息与通信技术以及信息本身越来越依赖，并将它们看成是人类社会繁荣的基础性资源。在第三个千禧年开始的时候，未来的历史学家也许会这样总结：创新、福利和附加值都不再仅仅是和信息与通信技术有关，而是依赖于它们。她也许会认为这种转变需要一个空前等级的信息处理能力和海量的数据，而存储和连通性已经成了某种瓶颈。正如我们将在本章后文看到的那样，她在这两个角度的观点可能都是正确的。

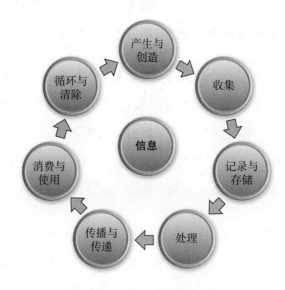

图 1-4　信息的典型生命周期

指令，人机交互的根本

图 1-5 所示即为摩尔定律，即指在数字计算机发展的时代，当价格不变时，集成电路上可容纳的晶体管数目大约每隔两年就会翻倍，性能也会提升一倍。

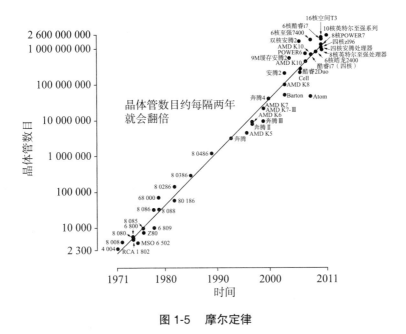

图 1-5　摩尔定律

图 1-6 所描述的趋势同样令人吃惊，但它与计算能力的价格不断下跌有关。在 2010 年，一台 iPad2 的计算能力可达到 1 600 MIPS（millions of instructions per second，计算机每秒执行的百万指令数），而购买这样一个计算能力只需 100 美元。图 1-6 给出了在过去的数十年间如果要购买有着和 iPad2 一样计算能力的设备需要花费多少钱。注意，图 1-6 的纵坐标是对数形式的，因此计算能力价格的剧烈下跌以 10 的次方为单位。所有这些都意味着，在 20 世纪 50 年代，你手中握有的那个计算能力达到 1 600 MIPS 的设备会花费你 100 万亿美元。或者说你只是曾经拥有过这个设备，因为 3 年之后的 iPad4 已经能够达到 17 056 MIPS——也许只有银行家或将军才能明白如此庞大的数字意味着什么。因此我们拿卡塔尔的 GDP 来做一个快速比较：2010 年它的 GDP 在全球可以排到第 57 名，但是这仍然不足以在 20 世纪 50 年代购买一个与 iPad2 存储量相等的设备，因为卡塔尔的

GDP 只有 1 251 亿美元。

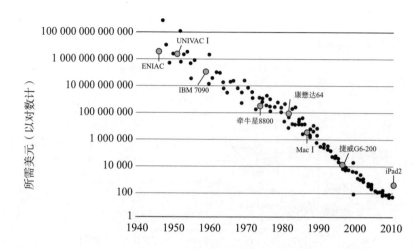

图 1-6　购买等同于 iPad2 计算能力的设备所需的费用

越来越多的人可以以更低的价格获得更强的计算能力，而这一切发生的速度之快简直令人难以置信。

在机器与机器之间的交互中，一个信息与通信系统，如一台仪表或传感器，会监督和记录下路况等，再通过数据网络将数据结果传输到另一台应用设备上。该设备会读取数据并据此作出相应操作，例如在必要时自动启用汽车的制动过程。你也许听说过，如今的一辆普通轿车的计算能力比当时 NASA 送宇航员登月时使用的计算能力都要大（"阿波罗"计划，以 1969 年为例），这是真的。今天的一辆普通轿车里有超过 50 个信息与通信系统，它们控制了所有东西，从卫星导航到音乐播放，从 ABS（制动防抱死系统）到电子锁，从车内娱乐系统到安置在引擎里的所有传感器。

对计算能力的限制似乎大多数是物理方面的，比如在信息与通信技术设备越来越小的同时，怎么才能更好地散热以及从硬件故障中恢复。借用一个之前的比喻，信息与通信技术是一枚载着人类从历史时代到超历史时代的火箭。这也解释了为什么信息与通信技术至今仍是颠覆性技术，而没有被时间所尘封：新的一代人不断地去教长辈使用这些新技术的方法，即使他们仍然需要向长辈学习怎样开车或怎样使用微波炉。

在这个节点上，一个显而易见的问题是，这些计算能力将会朝什么方向发展？答案并非像我们通常所想——将带着手机或平板电脑等高科技产品的人类带到月球上，而是**"交互"，包括机器与机器之间的交互以及人和机器之间的交互，后者也被称为 HCI**（human-computer interactions）。

如图 1-7 所示，汽车制造产业中普通的半导体设备的市场价值在不断上升。根据从英特尔公司获得的信息数据，联网汽车已经成为除手机和平板电脑之外发展最快的技术设备。把所有新车都接入互联网也只是时间的问题。到那时，我们

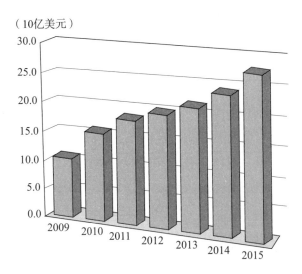

图 1-7　汽车产业中普通半导体设备的市场价值增长趋势

就可以通过互联网寻找停车位、感应其他车辆，或者对旅途上最便宜的加油站进行定位。当然，电动汽车需要进行更多的计算：2015年，它们装配的半导体数量是传统汽车的两倍。机修工正在变成电脑工程师。

而在人机交互过程中，信息与通信技术通常被用于创造、便利与改进人类使用者与计算机系统之间的交流。当说起信息与通信技术时，我们很容易忘记计算机其实并不会自己进行计算，手机也不会自己拨打电话，这似乎有些自相矛盾。电脑、智能手机、平板电脑等所有其他信息与通信技术设备能做的就是数据处理。我们借助这些设备的数据处理能力去处理大量的数据，我们可以更新Facebook状态、在线订购和阅读最新上架的电子书、付款、购买飞机票、扫描一张电子船票、看一场电影、监控商店内的情况、开车到某个地方或者去做几乎所有的事情，而不仅仅是做算术或给朋友打电话。这就是为什么人机交互如此重要。事实上，自20世纪90年代中期以来，人机交互设备甚至都不再需要屏幕或键盘。它也许只是一个植入大脑中的神经假体设备。当然，在所有的人机交互过程中，想要处理得越好，解决问题所需的计算能力就越强，也就是依赖于更高的MIPS。这也是老式计算机上几乎难以高效运行新系统的原因。

我们很清楚人类在这个世界上凭肉眼能够看到什么，如彩虹里的可见波谱。但它们只是包括伽马射线、X射线、紫外线、红外线、微波、无线电波在内的电磁波谱中很小的一部分。同样，相对于机器与机器之间的交互或人机交互过程中的数据处理"波谱"，我们现在能感知到的几乎可以忽略不计。为了推动超历史时代快速到来，大量信息与通信技术应用在每一毫秒都在执行着难以计数的指令。信息与通信技术在必要时会把绝大多数的MIPS用于互相之间的交流、合作与协调，让我们无论使不使用这些设备都能感觉更舒适。思科互联网商业解决方案事业部（CISCO IBSG）是一家知名的集设计、制造与销售网络设备为一体的跨国公司，它 2011 年发布了一本白皮书。从这本白皮书来看，在 2015 年有 250 亿台设备接上互联网，到 2020 年这一数字会是 500 亿（见图 1-8）。

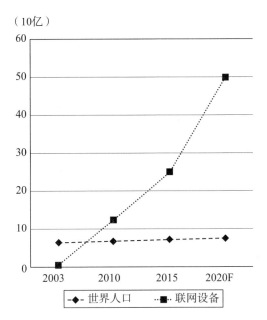

（10亿）

图 1-8　世界人口与联网设备的增长（F 为预测值）

人均联网设备的数量从 2003 年的 0.08 台增长到 2010 年的 1.84 台，随后又增长到了 2015 年的 3.47 台，而到 2020 年，这一数字将会增长到 6.58 台。如图 1-9 所示，对于未来的历史学家来说，全球交流将会是一个没有人类参与的神奇景象。

就像我们呼吸的氧气那样，几乎所有的 MIPS 对我们来说都是不可见的，但是它们已经变得至关重要并且呈指数级增长。各种各样的计算设备产生了惊人的数据量，比人类有史以来产生的所有数据还要多。这是另一种使超历史时代成为可能的资源：泽字节（zettabyte，$1ZB=2^{70}B$）。

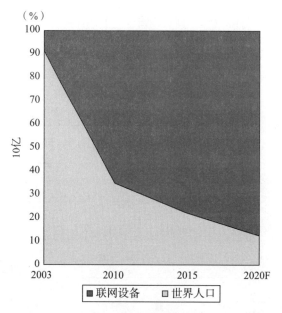

图 1-9　世界人口与联网设备数量增长对比（F 为预测值）

大数据，小模式

数年前，加州大学伯克利分校信息学院的研究者曾预计，人类在计算机商品化之前的整个历史过程中已经积累了约 12 艾字节（exabyte，$1EB=2^{60}B$）的数据，但是到 2006 年，它已经达到 180 艾字节。根据近期的一项研究，数据总量在 2006—2011 年间已超过 1 600 艾字节。这一数字预计每 3 年就会翻 4 倍，也就是说，2015 年会突破 8 泽字节数据量大关。仅每天新产生的数据量足够将美国所有图书馆装满 8 次。当然，信息与通信技术设备一直在工作，从而使我们得以漂浮在这片数据海洋上并找到自己的方向。这些数据在可预见的未来将会持续而稳定地增长，因为更多的数据正是来源于这些设备。而更多的数据又会增加或者说是可能会增加人们信息与通信技术设备的需求量。面对这样一个自我强化的循环，任何人都会觉得难以招架。这是一种或者说至少应该是一种复杂的情感，混杂着面对危险时的忧虑、看到机会时的兴奋、获得成功时的惊喜。这些，我们在后面的章节将会有所体会。

信息与通信技术使我们进入了泽字节时代。我们将会是切身体验泽量级数据洪流的第一代人，因此我们需要发明一个新的词汇来命名这场淹没了人类世界的数据海啸。在一些著作中，这个词也被称为"大数据"（见图 1-10）。

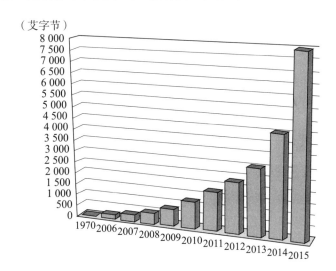

图 1-10　大数据的发展

尽管这种现象非常重要，"大数据"一词到现在都还没有一个准确的定义。从类似的例子来看，它给人的感觉就像是美国最高法院法官波特·斯图尔特（Potter Stewart）形容色情文学时所说的："我很难给出明确的定义，但是我看到时可以辨别出来。"其他的解释方法就没有这么形象生动了。举个例子来说，美国国家科学基金会（NSF）和美国国家卫生研究院（NIH）就把大数据当成热点项目。这两个机构之间的某次重要合作就旨在共同宣传对进一步发展大数据科学与工程的核心技巧与技术的需求。但是，他们是这样解释的：

> "大数据"一词指的是大量的、多种类的、复杂的、长的和（或）分散
> 的数据集。这些数据集来源于各种传感器、电子交易、电子邮件、视频、
> 点击流和（或）我们今天或以后可用的所有数字资源。

即使不是一个逻辑学家，你也能发现上面这段话不仅表述不清，而且晦涩难懂。而维基百科也将"大数据"描述为"一连串又大又复杂、难以用现代管理工具和传统信息处理方式来处理的字符集"。除了那个将"大"定义为"多"的循环论证问题（NSF 和 NIH 似乎乐此不疲），将"大数据"与"小工具"对照着理解似乎只能让人觉得相对于我们目前的计算能力来说，数据只是"大而多"而已。这是一个误导人的解释。当然，同很多其他词一样，"大"是相对的：一双对你来说有点大的鞋，我穿可能就正好。也许我们不屑于去承认，但我们总是将不相干的事物放在一起去评价，而不管这个评价是否能够涵盖某些事物的隐藏含义，比如说大数据的"大"字。再例如，我们认为马是种大型动物，但这显然没有从鲸鱼的视角出发。这两个简单的例子也许可以给我们一个感觉，那就是我们其实可以只给大数据一个宽泛的定义，来描述我们目前的计算机无法有效处理如此大量数据的事实。

这里会有两点疑问：第一，大数据涉及了太多的认识论问题，也就是知识相关型问题，而现在更多的是我们应该怎样使用数据的道德问题；第二，解决这些认识论问题需要技术性方法，即用更多更好的技巧与技术将大数据筛减到一个可控的规模。然而，认识论问题是不一样的，它需要认识型的解决方案。

先从疑问一出发。"大数据"一词是在其他各种不太知名、并逐渐被遗忘的表述方式之后被提出的，比如"信息过剩"（infoglut）、"信息过载"（information overload）。这些词表达的都是同一种令人抓狂的感觉，就像是我们含了一嘴食物以至于无法咀嚼，或者像鹅一样被别人强塞着进食，我们的脑容量因此而迫不得已地不断扩张。这样想是不对的。我们看到种类越来越多的数据呈指数级增长，但如果我们抱怨这些数据过多的话，那就像是在参加宴会时抱怨主人提供了太多食物一样。数据是一种资产，是一种待挖掘的资源，没有人强迫我们去消化每一个字节的数据。也许有一天，我们将会成为"数据富翁"，所以这并不是最关键的问题。

既然问题不是可用的数据量越来越大，很明显我们需要重新考虑解决方案，问题不是我们能从技术层面上处理多少数据；正相反，我们看到的是更多更好的技术产生了更多数据。如果问题在于数据量过多的话，那么信息与通信技术设备只会加剧这一问题的严重性。开发出处理能力更强的系统可以说是唯一的前进方向。

对大数据来说，真正的认识论问题在于其小模式（small patterns）。正是由于如今太多的数据可以被既快又廉价地在任何设备上产生和被处理，因此压力转移到了另外两个团体肩上。其中一个是数据"暴发户"，比如Facebook或沃尔玛、亚马逊或谷歌；另一个是传统领域，比如说遗传学或是药学、实验物理学或是神经科学，压力在于能否在它们庞大的数据库中找到那些真正有价值的新模型，它们怎样才能从创造财富、改善人类生活、促进知识增长的角度更好地去探索这些模型。这更多的是一个脑力问题，而不是计算能力问题。

小模式在超历史时代之所以重要，是因为它们代表了从科学到商业、从政府管理到社会政策、从保险到安全等领域的创新与竞争前沿。在一个自由、开放的创意市场里，如果别人比你更早且更成功地开发出了一个小模式，你也许会因此而失去生意，或是错失了一次开创性的发现并与相应的诺贝尔奖失之交臂，甚至

是让你的国家处于危险之中。

小模式不断推进那些可预测事件或行为的极限，但它们也有成为道德问题的风险。美国零售企业塔吉特（Target）根据 25 种商品的顾客购买情况建立分析模型，给每一位女性顾客都打了一个怀孕预测分。同时，它还预测时间节点，根据顾客的怀孕时间送去对应的购物优惠券。在一个负面例子中，它将优惠券送到了一个顾客家并引发了一些严重的问题：因为这个收件的未成年女孩还没有告知父母自己的新情况（即她怀孕了）。我将在第 3 章和第 4 章说到个人身份和隐私时再讨论这些问题。

但是，小模式也许只有在得到合理的集中、关联、整合和比较后，才是有意义的。比如对于信用卡和购物建议，银行需要在有限的时间里处理相关数据，并利用大数据与诈骗犯展开对抗，金融市场同样如此。而且，由于有时候即使是不存在的信息也有一定的指导意义（一些信息的缺失本身也是一种信息），所以小模式不存在时也是有意义的。福尔摩斯正是因为观察到一只本该吠叫的狗表现得十分安静，从而破获了一宗非常有名的案子。**如果当大数据应该"吠叫"的时候我们却没有听到声音，那么必然有事要发生。**举例来说，金融监管机构就应该知道这些。

大数据将会不断膨胀。应对它的唯一方法就是认清我们是谁以及我们在寻找什么。我们不能仅仅通过收集数据去从事科学研究，也不能这样去经商和从政。目前，所需的认识论技术将会通过一种叫作分析论的"魔法"被传授和应用，而不是通过我们在学校里获得的学位。既然我们的幸福都取决于分析论，那么也许是时候去展开一场相关的方法论研究了。哲学家不仅仅需要学习不同的知识，他们也有一些经验教训可以传授给别人。我想柏拉图会同意这一点。他也许会对以下事实感到失望：**信息存储将不再是一个选择**。就如我们将在第 7 章中看到的那样，存储能力将会胜过智力本身。但是，当我们在等待更强大的计算机、更智能的软件、更新的人类技术时，只有数据堆积显然是不够的，尤其是在我们还没有足够的存储空间时。再一次从未来历史学家的角度出发：这将是她在超历史发展进程中所发现的第一个瓶颈，即一种数字"健忘症"。

告别数字健忘症

超历史时代的实现取决于大数据，但是在本章中，需要提出两个关于我们对数字存储依赖性的谬论。

数字存储的质量

第一个谬论与数字存储的质量有关。信息与通信技术的存储能力其实并不好。它们记录的信息很快就会被废弃，这些信息是不稳定的（或者说是动态的），是可以被覆盖的。由于对应技术的消失，原先的数字文件很可能不再有用，比如，软盘驱动器和老的处理软件现在就不能用了；如今互联网上有数以百万计的被遗忘的网页，这些网页在被创建出来后并没有得到更新和修正。1998 年初，一份文件在被遗弃前的平均寿命为 75 天；今天，这一数字预计为 45 天。其结果就是，链接衰减（link decay，即网上资源的链接不再有效）现象已经变得司空见惯。1993 年 4 月 30 日，欧洲核子研究组织（CERN）宣布其创造的万维网将免费向所有人开放，不收取任何费用。20 年后，为了庆祝这一举措，CERN 的一个工作小组不得不重新制作第一个网页（使用原始的链接等），因为原来的网址已经不存在了。数字存储似乎和口头文化一样不稳定，甚至更加多变，因为它给我们留下了相反的印象。**信息与通信技术并不会因为未来的需要而存储过去的信息，因为它们使我们一直活在当下。**这个关于数字"史前时代"的悖论在不远的未来将会越来越明显。存储不仅仅是储存和有效管理的问题；它还与对显著差异进行小心翼翼的筛选有关，因此历史才会稳定地沉降，才会按照变化的次序排列。这两个历史进程现在正遭遇重大危机。

举个例子来说，泰德·尼尔森（Ted Nelson）是信息与通信技术领域的先驱，他发明了"hypertext"（超文本）和"hypermedia"（超媒体）两个术语。他还设计了"仙那度计划"（Xanadu）①，让它不能删除旧文件的备份。一个不断升级的网站是一个没有历史记忆的网站，类似的允许他人成百上千次覆盖文件的动态系统，其历史版本的任何信息也将难逃之后的审查。"保存这份文件"的真实意思是"替换掉它的旧版本"，任何类别的任何一份数字文件都会遵循这样一种对历史漠不关心的天性。其风险在于，差异被消除，多样化的选择被合并为一，过去不断被改写，历史的长度被缩减到了此时此刻。**当我们的大多数知识都来自于这个健忘的存储器时，我们会发现自己被囚禁于这个永恒的当下。**这也是那些旨在为后代而保存日益增加的数字文化遗产的自发性组织，如美国国家数字管理联盟（NDSA）和国际互联网保存联盟（IIPC）等如此重要的原因。信息管理者的职位必然会变得越来越重要。

巨量数据被创造的同时也会带来潜在的灾难性风险。我们看到的大多数（甚至可以说是全部）数据都是在短短几年间被创造的。它们正同时变旧，并且将会

---

① 1965 年，泰德·尼尔森将他发起的超文字构想，依柯立芝的诗命名为"仙那度计划"，因为他认为"仙那度"是一个记忆永远不会被遗忘之地。——编者注

同时达到系统失效阈值，就像出生于生育高峰期的一代人会在同一个时间段退休一样。为了理解这个问题，不妨想想你之前收集的音乐 CD，它们是怎样在 10 年之内就都不能使用了；再想想你的黑胶唱片。根据从光学存储技术协会（OSTA）所得的信息，未刻录的新 CD 和 DVD 的保存期限保守估计在 5~10 年之间。根据美国国家档案和记录管理局（NARA）的资料，一旦被刻录之后，CD 和 DVD 的预期寿命在 2~5 年之间，尽管其声称的预期寿命经常使用 10 年、25 年甚至更长时间。问题是几年之后这些材料将会严重降解，以至于不再能够保证其可用性。这一问题同样存在于我们现在的各种储存设备中。

"平均失效时间"（mean time before failure，MTBF）给出了对一个系统预期寿命的估计值。[①]MTBF 越高，系统持续时间越长。对于一个标准硬盘来说，5 万小时（约 5.7 年）的 MTBF 是正常的。这么短的预期寿命已经成了一个麻烦。但是在这里我想强调的真正的问题却是另一个。相较于我们过去所经历的一切，现在的数字支持设备的预期寿命正不断地被同步。这也是为什么你会把它想成一个生育高峰期的原因：大数据会一起老化并同时"死"去。很明显，大量数据需要定期重录和被转移到新的支持设备上去。事实上，人们现在就是这样操作的。但是哪些数据将会通过技术转移到另一种设备上呢？做个比较后，我们会将无声电影转移到新的支持设备上，或是将录制的音乐从黑胶唱片被转移到 CD 上。大量数据被抛在一边，它们已经丢失，变得不再可用，或者已经无法获取。

根据 IBIS World 在 2012 年的一份调查报告，数据恢复产业已经过了全盛期，其行业总产值在 2012 年之前的 5 年中以每年 0.9% 的速度下滑，共减少了 100 亿

---

① 另一个越来越流行的普遍方法是年失效率（annualized failure rate, AFR），这体现了在全年使用的情况下，系统失效的概率估计。这表明了 MTBF 和一定数量设备每年运行时间之间的关系。

美元，2012 年的下滑速度为 0.6%。这也许与我们的直觉不符：既然大数据在不断膨胀，随之而来的文件或存储中介的损坏、崩溃和不可用等问题也越来越多，解决此类问题的产业应该越来越繁荣才对。对于这个问题的解释是，云存储和在线存储为数据恢复和预防数据丢失提供了更多选择。

如果你使用 Dropbox、Google Docs、苹果 iCloud 或是微软的 Skydrive，当你的计算机损坏后，你的文件依旧可以从云端重新获得并且可以非常简单地被恢复，因此你并不需要数据恢复服务。这仅仅是一个过渡，也就是时间的问题。云计算已经从消费者角度向这个专注于计算机的产业施加压力。当我们手中的小工具更多地变成单纯的数据终端时，我们也就越来越不需要为数据操心了。但是这些数据的存储依旧依赖于物理基础设施，而后者需要更多的维护工作。数据恢复产业会消失，一个专注于解决云计算故障的新产业已经兴起。这并不是一个依赖于冗余数据（同一份文件有多份副本）蛮力的问题。然而根据数字存储的第二个谬论，这个策略从全球层面来说并不可行。

数字存储的容量

数字存储第二个谬论与容量有关。自 2007 年以来，全世界产生的数据量就已经超过了可用的存储空间。尽管事实是，根据克莱德定律（Kryder's Law）的观点，硬盘存储密度的增长速度要比摩尔定律要快，预计到 2020 年，一个容量为 12 太字节的硬盘大小只有 6 厘米左右，售价为 40 美元。不过，这仍不能满足人们的需求，因为相比于我们制造新数据的节奏而言，即使是克莱德法则所预测的增长速度仍然太慢。试想一下，因为你拍了太多照片而导致你的智能手机内存过满，然后再把它扩大成一个全球性的数据问题。**在历史时代，问题的难点是确**

定什么应该被保存：哪些法律或者名字会被刻在在陶器上或被刻在石头上，哪些文字会被书写在纸莎草纸或是牛皮纸上，又有哪些新的条款值得被印刷在纸上。**在超历史时代，保存是默认选项，因而这个问题变成了什么应该被擦除。**由于存储空间的不足，有一些东西必须被删除、覆盖，或者是从一开始就不被记录。默认情况下新的信息倾向于将旧信息挤出去，或者说是"先进先出"：更新网页将会抹掉旧版本，新照片也会让旧照片看起来可有可无，新信息将被记录在旧信息之上，近期的邮件会以删除去年的邮件为代价保留下来。

多年间产生的诸多数据在超历史时代将耗尽存储空间。这个与不断减少存储空间有关的法则并没有名字，但是看起来其缺口规模每年都在翻倍。除非在物理存储或软件压缩领域出现一些重大的技术性突破，否则，从定量角度来说，这个过程将会越来越糟。但是，好消息是，从定性的角度来说，情况并不像它所看起来的一样糟糕。改用广告业的一句俗语：**我们的数据有一半都是垃圾，只是我们不知道是哪一半。**你拍 10 张照片是因为你希望其中有一张是你想要的，其他 9 张都可以被丢弃掉。它们从一开始就不应该被保存下来。这意味着我们需要对哪些数据值得被保存和筛取有一个更好的理解。

如同我们在前文看到的，这也意味着我们需要去理解哪些问题是或将会是人们感兴趣的，不仅在当下，而且在未来。这引出了一个让人感到些许放心的正循环：**不久之后，我们应该就可以通过大数据来确定什么样的数据值得被保存。**试想你的智能手机里有一款 App，它不仅会建议应该保留 10 张照片中的哪一张，而且一旦你做了一个决定，它还会向你学习。接下来新的挑战将与如何避免机器作出不好的决定有关，改进所谓的"机器学习"，或是切实确保机器将会重新学习新的偏好（在这之后你也许会喜欢明亮一些的颜色）。更多的信息可

以帮助我们决定应该存储或筛取哪些信息。未来的历史学家也许会将超历史的泽字节时代，解读为盲目的大数据和有先见之明的大数据之间的过渡期。

有关第一个瓶颈（存储空间短缺）的内容到此为止。要理解下一个与连通性（connectivity）有关的内容，我们需要先看看网络有哪些特征。

连接整个世界

一台计算机如果不与其他计算机相连接的话作用就会很有限。当然，这种局限性并不是在所有情况下都这样明显。有时联网仍然是不安全的，例如，你的计算机必须要防止黑客入侵，因为它们可能控制着核导弹的发射。但是，总的来说，这种监管工作目前已经显得不那么重要了。**在一个约束不再意味着用绳子或者锁链束缚动物，而是将信息与通信技术设备一个又一个地连接起来的时代，问题不再是连通性是否具有价值，而是它的价值到底是多少。**

很多理论和法则都提出了上述观点：里德定律（Reed's Law）、沙诺夫定律（Sarnoff's Law）、贝克斯特罗姆定律（Beckstrom's Law）等。但是最著名的是梅特卡夫定律（Metcalfe's Law），同以上这些法则以及摩尔定律一样，梅特卡夫定律是一个一般性规律，而不是科学定律，然而，它很有启发性。梅特卡夫定律认为，网络的价值与系统内部连接节点的数量的平方（n^2）成正比。因此一个有两台电脑的网络的价值只有 4（$2^2=4$），但是将连接的电脑数量加倍的话，就意味着将网络的价值提升到原来的 4 倍，也就是 16（$4^2=16$）。

图 1-11 展示了经过 20 次迭代之后会发生什么。这个理念很简单：你拥有的节点越多，它们被连接起来之后就会越有用，而如果不被连接的话成本就会越高。任何一个比线性更快的增长方式，如平方，就像梅特卡夫定律，如立方（n^3）或者是指数分布（e^x），经过一定次数的迭代后看起来都会像一条垂直的线，就像一个翻转的 L 一样。

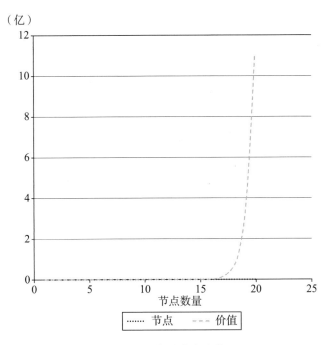

图 1-11 梅特卡夫定律

这个"L 形定律"值得我们牢记，它是任何一家企业都希望达到的增长形状，是超链接的形状。根据国际电信联盟（ITU）的一份报告，2013 年，世界上超过 1/3 的人口都已经实现联网。毫无疑问，网络的价值已经飞涨，其增长的趋势犹如一条垂直的线。那么问题在哪里？任何"L 形定律"都没有强调网络内部的

通信情况，而是强调网络复杂性的价值（一定数量的节点间可能有多少条连接）。节点之间的通信需要链接，但是这也会带来速度问题。我们不妨将其想象成一条道路以及在有或者没有车流的情况下，一条小街和一条高速公路之间的区别。这将是未来历史学家所识别出的瓶颈，也就是所谓的尼尔森定律（Nielsen's Law）。

数年前，雅各布·尼尔森（Jacob Nielsen）注意到，总体而言，家庭用户的网络连接速度以每年约 50% 的速率增长，也就是约每隔 21 个月就会翻倍。这个速度虽然很惊人，但是并没有摩尔定律所预示的速度那样令人印象深刻。它同样不足以应对那些我们希望传输的、增长速度更快的文件量（二进制位数）。其结果就是，在可预见的未来，我们的线上体验仍将会被带宽限制。

超历史时代的机遇与挑战

我们这一代人正在经历着从历史时代向超历史时代的转变。先进的信息社会将更加严重地依赖于信息与通信技术来发挥正常的功能，并寻求进一步的发展。信息技术的数据处理能力会不断提升，价格也会越来越低，数据量将会达到一个难以想象的级别，网络的价值也会呈直线上升。但是，数据存储能力（空间）和通信的速度（时间）却会落在后面。超历史时代将成为人类发展的新纪元，但是它同样不能超越时空的限制，这些限制将一直调节着我们在地球上的生活。

下一个问题是：考虑到我们在本章中提到的所有变量，我们正在为自己和后代建造着一个什么样的超历史时代呢？答案是：信息圈。

How the Infosphere Is Reshaping Human Reality

4TH
THE
REVOLUTION

02

空间
| 信息圈，真正的现实 |

任何技术都有一个显著的特性——媒介，人机交互通过交互界面让使用者和敦促者连接起来。在这种情况下，现实是信息化的，信息化的也是现实。一些人已经生活在线上，他们的信息圈变得越来越同步化、没有疆界并且紧密相连。

技术，始终是媒介

任何技术都有一个显著的特性——媒介。若爱丽丝住在里约热内卢，那么帽子是帮助她防晒的"技术"；在沙滩散步时，凉鞋是隔开烫脚的沙子的"技术"；墨镜是帮助她遮挡刺眼光线的"技术"。这种媒介方式看起来非常清晰，完全不会引起争议。然而，问题很容易变得更复杂。

由于人类在思考问题时总是倾向于以自我为中心，因此在技术所连接的交互双方中，其中一方有一个约定俗成的名称：爱丽丝是交互使用者（the interacting user）。还没有名称的是这个关系中的另一方，也就是提供某种特定用途以确保交互关系的一方。例如前文的例子中，烈日的作用在于推进"技术"的发展，促使爱丽丝戴帽子。因此我们可以达成这样的共识，将另一方称为敦促者（the prompter）。[①]这一名称能准确地传递邀请、建议或使调节成为可能之意，并且是技术哲学领域的新词汇，不会与其在戏剧领域中的意思混淆。

---

① 有一段时间，我认为可以使用"affordance"一词，但这个术语已经在其他特定语境中有了特殊的含义，可能会造成混淆。使用该词意味着太阳会被描述为戴帽子的缘由，而我们真正想说的是挡住阳光才是戴帽子的缘由。

如图 2-1 所示，烈日是帽子的敦促者，烫脚的沙子是凉鞋的敦促者，刺眼的光线是墨镜的敦促者。发明家们构思并设计出一些人工制品来满足使用者的需求或愿望，而需求则源自于敦促者。可能你已经注意到了，在这里我稍微扩展了一下"敦促者"的意义范围。

图 2-1　技术作为媒介的方式

当技术介于人类使用者和自然敦促者之间时，我们称之为"一级技术"（见图 2-2）。我们可以很容易地列出一些一级技术，例如前文提及的烈日、烫脚沙子和刺眼的光线都符合要求。此外，还可以举出很多，比如耕犁、车轮和雨伞。斧子可能是最早和最古老的一级技术了。劈木头用的斧子是介于人与木头之间的一级技术，其中人是使用者，而木头是敦促者。马鞍是介于人与马之间的技术；指甲钳和猎弓是另一类一级技术的例子。这类技术并不一定简单，它可能是技术依赖型的，并且工艺复杂，比如冲锋枪。不过，冲锋枪的使用者和敦促者都是人类。

图 2-2　一级技术

说到这里，你的脑海中也许会浮现出"工具"这个词，但它并非一个合适的替代词，因为工具并不一定是一级技术，我将在后文中说明这一点。

许多非人类动物都能制造和使用简单的一级技术工具（如处理过的棍子和贝壳），来完成诸如觅食、装饰、决斗甚至玩耍等任务。这个发现决定了智人（homo faber）不能被简单地解释为匠人（homo technologicus）。的确，我们是建造世界的族群，但这个观念的表达需要更加细化，因为许多其他族群也会创造和使用经过加工的工具来改造生存环境。就像我们使用自然语言和其他符号形式来交流，或是创造其他人造语言（特别是编程语言）一样。**我们与其他族群的巨大差异并不是因为我们掌握了二进制或拥有一些基本技能，而是因为我们能通过远比其他族群更为复杂和灵活的方式来使用这些技能。**这就像小孩用蜡笔画的画和西斯廷教堂的精美壁画之间的区别一样。拘泥于连续性不只是一种误解，更是一种误导。从技术层面来说，更好的论述智人的方式是：匠人、二级和三级技术的发明者和使用者。

二级技术不再将使用者与自然的连接，而是使之与其他技术相连接。也就是说，这类技术的敦促者是其他技术（见图 2-3）。

图 2-3　二级技术

这样一来，我们就能很好地解释为什么"工具"或"消费品"并不等同于一级技术。以家中常用的螺丝刀为例。螺丝刀当然是一种工具，但它是介于人和什么之间的工具呢？你猜到了，是螺丝钉。螺丝钉实际上是另一种技术，是介于螺丝刀和两块木头之间的技术。螺丝刀可以被更简单地理解为一种资本货物，也就是可以用来制造其他货物的货物。这种二级技术的例子还有钥匙和车辆，其中钥匙的敦促者显而易见是锁，而车辆的使用者仍然是人类，敦促者则是平整的路，也就是另一种技术。

许多一级技术在缺少与之配对的二级技术辅助时无法正常发挥作用。道路并

不需要车辆来发挥作用,但螺丝钉缺了螺丝刀则不能发挥作用。二级技术暗含着与一级技术的相互依赖(如钻孔机没了钻头便无用武之地),这是某种程度的专业化、进而有组织化的标志。要么同时拥有螺母和螺钉,要么两者都没有。

这样的相互依存关系及其相应的二级技术的外观,需要通过交易和某种货币形式来实现,因而它们通常与更复杂的人类社会形式的出现密切相关。复杂的社会形式产生文明,并随着空闲时间的积累,最终发展出了相应的文化。尽管一些非人类动物能制作某种意义上的手工制品(例如把棍子削尖),但它们并不能制作任何意义上的二级技术工具。

引擎可能是最重要的二级技术,它代表一切可以为其他技术提供能量的技术。水车和风车虽然在过去 1 000 年中是能量转化的工具,但直到蒸汽机、内燃机和电动机出现并成为可移动的能量源,且能在使用者和其他需要技术的任何场所发挥作用后,工业革命才真正成了一种普遍现实。

由于科学对物质和能量的认知与掌控能力的增强,近代晚期的机械余韵大多来自二级技术的主体。福尔摩斯时代的伦敦,是一个由齿轮、钟、轴、轮子和传动机组成的喧闹都市,这里除了人类-技术-自然的关系链之外,更显著的特征是人类-技术-技术的关系链。现代社会作为人类发展的前超历史(prehyperhistorical)阶段,很快产生了复杂的依赖关系网络,其中既有机械连锁反应,又有闭合连接(例如,火车总是与铁轨和煤相关,汽车总是与加油站和油相关,等等),这些依赖关系在一个稳定且相互制约的循环中相互加强和巩固。

正如软盘的发展史所展现的,有时候换掉整个系统(更彻底地说,是改变范例)相较改良系统的某个部分而言更为容易。当成千上万的光驱已经不具备读取软盘的功能时，超级软盘便失去了存在的必要。这可以说明技术跳跃式发展的一个好处：后来的接管者并不需要处理现有技术包（配对的一级技术和二级技术）的遗留问题，并且可以随心所欲地选择最新的创新式解决方案。不过，由于二级技术成对出现的特性，这并没有看起来的那么容易。举例来说，如果只有道路而没有内燃机汽车，引进电动汽车和混合动力汽车就会变得相对容易，因为明显的难点在于：道路从一开始就是因为内燃机汽车而存在的。**因此，立法的任务除了处理技术创新之外，还包括简化新旧技术的过渡，即通过刺激需要保留的部分（如道路）和抑制需要改变的部分（如内燃机汽车），来分离技术关联的双方。**

今天，我们家中使用的便利设备，包括冰箱、洗碗机、洗衣机、衣物烘干机、电视、电话、吸尘器、电熨斗和音响系统等，大多数出现于近代晚期。它们或者属于一级技术或者属于二级技术，连接着人类使用者和相应的敦促者。它们的出现标志着社会已经足够成熟，可以迎接三级技术的革命性飞跃。**作为使用者的技术与作为敦促者的技术一旦被媒介技术关联在一起，也即技术 - 技术 - 技术的连接方式（见图 2-4），技术就会开始呈指数级发展。**

图 2-4　三级技术

于是，人类作为使用者，便不再处于这个回路之中，至多是处于这个回路之上——飞行员仍然需要通过操作杆和油门阀来驾驶飞机，而操作员只需要鼠标和键盘。或者人类也许根本不会直接存在，也就是说完全处在这一回路之外，只是作为受益者或消费者享受或依赖这些技术（尽管可能是无意识的）。这并不是史无前例的现象。亚里士多德曾提出，奴隶是"有生命的工具"。

一件财产是实现某种生活目的的工具，因而财产总的来说就是工具的集合，奴隶则是一件有生命的财产……因此，这些因素充分阐明了奴隶的自然和本质属性：一个生来就不属于自己而属于他人的基于自然的奴隶，尽管是人，但因为他属于别人，所以是一种财产，而财产事实上是有别于它的主人的工具。

显然，这样的"有生命的工具"可以被当作三级技术"使用"，用来将主人从技术 - 技术 - 技术的回路中解放出来。如今，出现了一些与这个观点一致的比喻，即把机器人以及信息与通信技术设备比喻成奴隶。

对未来唯一不会出错的预测是：一切都很容易出错。在苹果公司的 Newton 掌上电脑遭遇惨败之时，谁会想到 20 年后人们会大排长龙去买 iPad 呢？有时，我们需要做的只是等待那颗对的苹果砸到我们头上。尽管如此，物联网（三级技术在其中可以脱离人类使用者而独立运作）看起来像是一颗足够成熟并且容易摘到的果子，这值得引起我们注意。专业人士谈论这个概念已经有一段时间了。下一场技术革命将不再是纵向寻找，而是横向拓展未开垦的新技术。它将不只是人与人之间的联系，而会是一场将任何事物彼此相连（A2A，anything to anything）的变革。有一天，一切你想得到的（you-name-it）2.0 版将会成为时尚，我们也可能因为 A2A 技术而激动万分。我会在第 7 章中再详细说明这一点。

Newton 当时的广告曾宣称它能够连接打印机，这在当时看来非常神奇，今天看来却是小巫见大巫。想象一下这样的场景，你的汽车能自行查阅你的电子记事本，并通过数字电视提醒你明天记得去加油，因为之后要出远门。所有这些甚至更多都已经变成可能。**最大的障碍在于，共同标准的缺失、通信协议的不足，以及在设计上无法与信息圈的其他设备自由组合的硬件。**任何人，只要能研制出一种价格合适并且能够通用的设备，让现有的几十亿台设备能通过它相连并相互沟通，那么他会很快成为亿万富翁。这是一个与集成和重组相关的难题，目前的解决方法是迫使人类例行地去做交互界面要做的事：操作加油站的加油机、把GPS的指令转化成驾车方式、使超市与冰箱产生关联。

从本质上来说，三级技术（包括物联网）的目的在于，将低效率的人类媒介从技术循环的回路中去除。 在完全重组和高度集成的信息圈里，设备与设备之间将能够通过内部协调实现无缝对接，就像智能手机与笔记本电脑的对接以及笔记本电脑与打印机的对接一样。我们很难预测当设备之间可以经常进行信息交换时会发生些什么，但若在不久的将来计算机和软件公司开始设计和出售其他电器（包括电视）的话，我并不会觉得惊讶。

当三级技术的关联成为发展、创新和社会福祉的必要条件时，作为使用者和敦促者的技术经由媒介技术相连接，是将超历史时代描述为人类发展阶段的另一种方式。这也是证明我们已经进入超历史时代的又一证据。"机器可读数据"（machine-readable data）这一术语"泄露"了三级技术的存在这一事实。举几个简单的例子。条形码并不是为人类的眼睛而设计的；在高频交易中（high-frequency trading，指从人们无法利用的极为短暂的市场变化中寻求获利的计算机化交易。美国3/4的股票交易量属于高频交易），股票买卖的速度如此之快，以至于只有高速计算机和算法才能适应节奏——同时关注多地的交易市场，一秒钟内执行数百万条指令以及在几毫秒内采纳和变换策略。在其他对时间敏感的应用中也是如此，不管是民用的还是军用的。其他例子还包括车辆自动化（如无人驾驶汽车）和住宅自动化，即将房屋转变为智能环境的技术，如监控、调节和微调家里的集中采暖和热水供应系统。在后续章节中，我们还会再提到这些例子。

从前文的例子中可以清楚地看出，信息与通信技术提供了三级技术的最佳典范。"引擎"一词在计算机相关领域的运用（如"搜索引擎""游戏开发引擎"）提示我们，三级技术与计算机的关联就像二级技术与引擎的关联一样紧密。信息与通信技术可以用智能的方式自动处理数据，因而能够控制其行为。当这种特性被充分挖掘之后，人类使用者的存在将变得多余。很难想象一个人类离开后，机械引擎依旧持续运转并自我修复的社会会是什么样。机械的现代化仍旧依赖于人类。但是，已经可以设想一个完全自主的计算系统，它的生存和发展不需要人类的参与。制造一台能自我组装的 3D 打印机，并利用月球上的资源在月球上"打印"出一支殖民队，这听起来仍然像是科幻小说，但可以很好地展示未来的发展方向。**智能和自主将不再是人类独有的特性。从理论上来说，一个超历史的、依赖于三级技术的社会可以脱离人类而独立存在。**

我们认识到，可以基于技术一级、二级和三级的本质来分析它们。这个观点还可以进一步完善，但不会有太大的概念上的差别。钟是一级技术（介于你和时间之间）、二级技术（介于你和高压锅之间），还是三级技术（介于你的计算机和某个计划好的任务之间）？剪刀是一级技术（介于你和一朵玫瑰之间）、二级技术（介于你和一张纸之间），还是三级技术（介于机器人和工厂的一块布料之间）？计算机是一级技术（介于你和水库水位之间）、二级技术（介于你和另一台计算机之间），还是三级技术（介于另两台计算机之间）？显然，每个答案都是适用于特定语境的。不过，没有脱离语境单独存在的答案这一事实并不会减弱差异的力量，恰恰说明了在使用这些概念时要倍加小心。在这里要着重强调的是，三个技术级别之间的差异是彻底而完整的，因为并不存在第四种技术。当然，技术与技术之间交互作用的链条可以随心所欲地无限延长。但无论是怎样的关系链，总是可以降解成若干个三种技术一组的短链，其中每种技术都可以划分到一级技术、二级技术或三级技术中去。[1]

在技术从一级、二级到三级的发展过程中，出现了许多问题。其中有两个问题与我们探讨的内容关系最为密切。

第一个问题是，如果技术始终是一种媒介，那么当信息与通信技术是三级技术时，新的关联因素应当如何界定？更准确地来说，在人类发展史中，第一次出现能够常规地作为其他技术的自主使用者的技术，那么当人类不再是使用者，而是作为整个回路之外的受益者时，信息与通信技术与人类的媒介关系是怎样的呢？（在后文，我们才能得到完整的答案。）正是因为信息与通信技术最终闭合了技术的交互回路，并能使其他技术经由自己进行交互，因此可以提出异议认为这个问题已经变得没有意义了。随着三级技术的出现，所有的媒介关系变得内部化，从而不再与人类相关。这种技术"内部化"已经引发了担忧，即信息与通信技术最终会改变和控制人类的生活。

我们可以这样回答：三级技术闭合回路、内化技术之间的关系时，将产生一个新的"外部"，因为它创造了一个新的空间（如网络空间）。这个空间因技术回路而产生，它的存在与繁荣也依赖于回路，但不能与回路内部的空间混淆。这类空间的产生并非没有先例。在不同的历史时期和社会阶段，房屋的设计中包含了仅供奴隶或仆人使用的区域，以使整个房屋系统能在无形中被合理运作，从厨房到餐厅再到分开的楼梯和走廊。英剧《唐顿庄园》的观众可以清楚看到"楼上"和"楼下"的不同景象。真正史无前例的是，整个人类社会在一切可能的状况下，以巨大的规模和迅速的步伐向这个回路外的空间迈进。

第二个问题是，如果技术始终是媒介，那么使得这种媒介作用顺利发挥的因素是什么？换个方式来说，技术是如何与使用者和敦促者进行交互的？答案是：交互界面（interfaces）。

---

[1] 同样，我们倾向于只区分语言和元语言（或谈论某种语言的语言），同时由于一种冗余的区分度而避免使用元元语言（谈论一种谈论着另一种语言的语言：想象一下用英语来谈论怎样把一个句子从法语翻译成意大利语）。任何变化链都可以被降低为一系列成对的对象语言和元语言，这已经足以解释交互了。

交互，雅努斯之神的两面

雅努斯（Janus）是掌管过渡与转型、结束与开始的古罗马神，他既掌管空间（例如入口、门、门廊或边界），也掌管时间，尤其是新旧年份的交替（1 月的英文 January 由此而来）、不同季节的交替，或是和平时期与战争年代的交替①等。雅努斯与其他诸神很容易区分，因为他有前后两张脸。如今，雅努斯也是交互界面的保护神，掌管着所有具有双向性的数字技术。

双向信息与通信技术的一面是使用者界面，必须友好、易于操作；另一面则连接着相关的技术及其敦促者。我们可以把这一面称为协议（protocol），尽管严格来说协议仅用于代指规范数据传送的一系列规则。**任何级别的技术都有两面，即使用者交互界面和协议面。这两个面由"使用者 - 技术 - 敦促者"序列中的两个连接者来代表**（见图 2-5）。

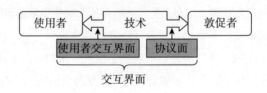

图 2-5　技术的交互界面

随着媒介技术级别的不断提升，协议面可能会逐渐变得不可见，于是使用者交互界面就被当成了整体的交互界面，而最终这个界面也可能消失。雅努斯隐藏了他的另一张脸，看起来与一张脸的其他诸神没什么两样，而最后剩下的这张脸也会消失不见。让我通过一些前文提及的例子来解释这种交互界面逐渐消失的现象。

---

① 雅努斯神殿的大门战时打开，和平时期关闭。——译者注

我们知道，劈开木头的斧子是典型的一级技术，它符合"人类 - 技术 - 自然"这一序列。斧柄是使用者这一侧友好的交互界面，而"斧头 + 斧柄"是连接交互界面（传递击打的力量）和敦促者木头的协议。由于人作为使用者需要同时控制与媒介技术的交互和与自然敦促者的交互，因此人能够同时接触到"雅努斯的两面"，即使用者交互界面和协议面，比如，人可以把斧头磨得更锋利。

接下来以二级技术的精髓——引擎为例。这是一个符合"人类 - 技术 - 技术"序列的例子。这里，技术协议的作用在于保证媒介技术与敦促者技术的交互。在一些情况下，人类仍然需要接触到协议。以螺丝刀为例，人需要确认螺丝刀的刀头类型与螺丝钉头的槽型匹配与否，比如有一字槽、十字槽或方形槽等。不过大部分情况下，作为使用者的人类无须与媒介技术的两面都接触。以手动档汽车为例，人需要认识和操作的只有变速杆和离合器踏板。只要不出故障，协议的重要性并不会显现出来。这里的协议指的是引擎的另一面与汽车其他推进系统所代表的敦促者之间的交互界面。基于这个原因，对二级技术来说，我们不再区分整体的交互界面（包含协议）和使用者的交互界面。在这里，"交互界面"只包括使用者的界面，因为协议已经不那么明显，并且常常不被涉及。但如果出现故障，与协议和敦促者两方的连接通常经由专业人士完成。

最后，把通用调制解调器作为三级技术的例子。从"modem"这个词的构成来看，这是一个在发送信息方调制模拟信号，编码数字信息，并在接收方解调模拟信号、解码被传递的信息的设备。这一过程通常在电话线上完成。这是符合"技术 - 技术 - 技术"序列的例子（如果你觉得调制解调器太过时，也可以换成路由器试试）。由于交互界面（序列中的两个连接者）将技术与技术经由其他技术相连，同时信息与通信技术已经将三级技术需要的自主推进能力变成了可能，因

此我们更倾向于把整个交互界面理解为一系列的协议。技术协议保证了媒介技术（两个调制解调器）既能顾及技术的使用者（比如你的电脑），又能顾及技术的敦促者（比如我的电脑）。这个动态的、自动的协议协商过程，设立了必需而充足的进一步交流的参数，我们称之为"握手"（handshaking）[1]。这就是你的电脑与我的电脑、你的电脑与你的打印机相连时所发生的事，也是在你的智能手机和笔记本电脑达成协议对你的电子日志进行同步之前所发生的事。在这个信号交换过程中，你我二人既没有被邀请也不会被涉及。罗马保护神雅努斯的两面都可能被隐藏起来，我们完全是圈外人。你回到家时，智能手机会自动连接家中的无线网络，下载更新，并开始与家中其他信息与通信技术设备交流，比如平板电脑。与即插即用系统相似，所有的信号交换和数据发布过程对我们这些最终受益者均不可见。就好像在典型的文艺复兴风格的屋子里，住在高贵上层的我们压根儿不知道脚下的那层在发生着什么。在那里，各种技术正在服务间里被使用。除非发生故障，否则我们甚至可能不知道这些技术的存在。但如果真的出了问题，需要同时顾及交互界面两侧的是专业人士。最终的结果是，专业人士成了雅努斯神殿里的新祭司。随着我们对高层级技术依赖性的逐日增加，他们也将变得更强大、更有影响力。

至关重要的设计

交互界面与它所连接的技术一样，也会发展进化。尽管有许多影响因素，这

---

① 握手在数据通信中指，由硬件和软件管理的事件序列，在进行信息交换前，需要对操作模式的状态互相达成协定。——编者注

样的发展进化主要取决于设计。对和平主义者来说，交互界面的发展进化通常是一次成功的改良，即便有问题的技术本身并不一定讨人喜欢。参观军事博物馆时，你会看到一些非常古老的、手持式的火药武器，你会发现经历了相当漫长的时期之后，武器制造者才给它们装上了有保护作用的手柄，这在今天看来是理所当然的事。被称为"火铳"的武器源自中国，并在文艺复兴时期一度风靡欧洲。它有形似十字弓的炮管，因而可以用来瞄准敌人。很长一段时期内，老式手枪像宝剑一样笔直，之后慢慢变弯，直到近代才变成今天我们熟悉的 L 形。这颇令人惊讶，因为今天孩子们都知道这样的设计，当他们用手比成枪瞄准时，会将大拇指竖起，另外一根或两根手指伸直作为枪管。

有时候，人们会特意做些复古的设计。iMac G3 是苹果公司 iMac 个人电脑系列的首款产品。与它的后继者们一样，G3 也是一体机，它的显示屏与主机集成在同一个机箱中。G3 电脑的一大特色就是拥有半透明、色彩艳丽的外壳，因而可以通过外壳看到内部的机械零件。也就是说，可以同时看到雅努斯的两面，一面是使用者交互界面，另一面是协议面。这样一来，G3 电脑有了一个有亲和力的、一级技术的外观（回想一下斧子的例子）。而事实上，它是复杂的二级技术系统，可以用在人类使用者和其他技术产物之间作为媒介。汽车引擎的例子也一样，我们并不需要看到它的内部构造，事实上也看不到协议面本身。即便能看到引擎的内部构造，我们也做不了什么（只有专业人员才能维修）。这是因为现代美学在作祟，有些设计是无意义的功能，因而不会持久。

有时候，设计只是变得过时了，从而成了历史遗留问题。前置式洗衣机是由工业洗涤系统发展而来的，因而其前部机门上保留了透明视窗，用于确认机身内是否有水（将有透明视窗的滚筒洗衣机与没有透明视窗的顶盖式洗衣机做比较时，

这是听起来最为合理的解释之一）。由于在不安全的时候，前部机门已经不能打开，因此后来出现的洗碗机便不再具备这样的透明视窗设计。

设计好的交互界面需要投入时间和巧妙构思。它可能是意识到一些理所当然的事（比如能保护手的手柄），或者是去除没有意义的部分（比如不再起作用的透明视窗）。我们不需要亮灯来提示电脑已经开机，因而许多电脑没有这样的设计；如今，我们仍然需要能够简单地使用 USB 接口来连接 U 盘的设计，因此在主机背后的 USB 接口设计虽然造型优雅，但确实不便使用。

智能前沿

从交互界面的功能性角度（当然，还有许多其他的角度，比如实用性、经济性、外观、人体工效学或与能耗相关的角度）来说，好的设计是充分考虑和展示了技术层级的设计。一级技术的使用者交互界面和协议面应当可触及和易操作。对于二级技术，只需要在使用者交互界面上下功夫，协议面可以不可见，比如对设计上不能维修的手表来说，透明外壳并没有什么意义。对三级技术而言，使用者交互界面和协议面都应当将功能性隐藏起来。这样的功能性隐藏使得人类对于三级技术媒介作用的疑问更加迫切：处于回路之外是否意味着丧失控制权？这种担忧很快变成了政治问题（我将在第 8 章详细介绍）。

是更多的控制，还是更多的自由

对技术媒介属性的政治属性解读很容易走向两极化。用更枯燥的专业术语来说，技术的研发、部署、使用和创新的动向，都或多或少地受到人类整体决策、选择、偏好和单纯惯性等因素的影响。还没有哪位严肃的学者站出来明确支持任何一方，但一些基本的理念得到了广泛传播。

一个极端是，认为技术的媒介属性会起到一种有害的剥离作用，使人类失去与自然和真实直接接触的机会。这种观念还可以继续延伸，将技术的媒介属性与脱离现实或者至少使具象化的东西贬值联系起来。因而技术会带来去地域化（没有实体、没有位置）、全球化（没有位置、没有局限），并最终达到消费主义，也就是实物独特性以及它们与人类关系的贬值。在这种思维模式下，技术媒介作用的政治属性设定了它的内容，最好的可能是一个可悲的全球性错误，最坏的可能则是一个邪恶的计划、一些目的不纯的跨国公司，甚至国家孤注一掷追逐的计划。

另一个极端是热情而积极地支持技术的媒介属性所带来的巨大自由。这种观念将技术媒介解读为一种缓冲，为人类的相互交流和自我实现创造了更大的空间；并且认为，技术媒介并不是一条通往人类被某些人、系统，甚至机器统治的危险道路，而是一种授权和允许的控制形式。等式的构成大致是这样的：**更大的空间 = 更多的自由 = 更多的控制 = 更多的选择。**

显然，对上述两种极端观念都没必要太当真。不过，这两种极端观念的多样化组合在当今对技术政治属性的讨论中占据着主导地位。在后面的章节中，我们可以看到，这场辩论正变得越来越复杂和千头万绪。

世界正变成一个信息圈

如今，一说起技术，我们最先想到的通常是信息与通信技术以及它们无所不在、容易上手的操作界面。这是可以预见的。

在超历史时代，信息与通信技术成为标志性的一级、二级和三级技术。我们越来越频繁通过信息与通信技术与世界以及其他技术对话，而信息与通信技术本身是能够并倾向于通过人类看不见的方式进行自我对话的技术。另一个可以预见的趋势是，未来的主导技术会与过去的一样，对人类造成两个方面的影响：一是通过改变和影响人类与世界的交流方式，一级、二级信息与通信技术将引导我们使用信息与通信技术易于理解的语言，也就是信息化的语言来进行交流；二是通过创造一个全新的居住环境（人类在回路之外，功能隐形化设计），三级信息与通信技术引导人类思考并大大提升人类世界的信息化程度。简单来说，**信息与通信技术让我们用信息化的方式思考，并且使我们生活的世界更加信息化**。这两种可预见的趋势将引领一种新的文化，即将整个现实世界和人类生活以便于信息与通信技术处理的方式概念化，也就是信息化。

通过将现实转换到信息圈内，信息与通信技术正在改变现实的含义和本质。"信息圈"这个词产生于 20 世纪 70 年代，是由 "生物圈"（biosphere，它指地球上支持生命活动的区域）一词发展而来。狭义信息圈是指由所有信息化的实体及其属性、交互界面、处理进程以及相互关系组成的整个信息化环境。这是一个与网络空间相似但又不完全相同的环境，因为网络空间只是信息圈的次级区域。除了网络空间之外，信息圈还包括信息的线下空间和模拟空间。广义信息圈是与现实同义的概念，前提是用信息化的方式来解读现实。[①] **这时，现实是信息化的，信息化的也是现实**。从技术层面上说，正是这种等价关系中隐藏着一些最为深刻的变革和最具挑战性的难题，我们会在不久的将来遇到这些变革和难题。

信息与通信技术将世界转变为信息圈的最为显著的一种方式是模拟

---

① 改述自德国哲学家黑格尔在其《精神现象学》（1979）中提出的观点，即理性的东西是真实的，真实的东西是理性的。

（analogue）向数字（digital）的转变，由此信息圈得到了前所未有的增长，人类在信息圈中花费的时间也越来越长。这两种现象我们都很熟悉，没必要再加以解释，不过对它们做些简短的评述也无可厚非。这种彻底的转变是由数字设备和数字源的基础集合决定的。数字设备的内在属性（软件、算法、数据库、信道以及协议等）与数字源的内在属性完全相同，因而可以完全兼容并处理原始数据。打个比方来说，有点像是用冰制成的管道来输送水，成份都是 H_2O。如果你质疑这一点，那么这样想，从物理的角度来说，你的电脑硬盘里的数据和程序完全无法区分，因为它们都只是数字而已。

数据和程序之间的数字化统一是图灵最为重要的理念。在信息圈中，众多的实体和智能体是同等程度信息化的，处理数据的程序和被处理的数据之间并没有物理差异，交互过程也是同等程度信息化的。所有的过程都可以被解读为"读取"和"写入"（即获取和修改）两种过程，剩下的一种是"执行"过程。举例来说，当爱丽丝对鲍勃说话时，是"写入"过程；鲍勃听爱丽丝说话时，是"读取"过程；如果他俩接吻，则是"执行"过程。这样的解读并不浪漫，但准确无误。

数字与数字之间可以毫不费力地进行完美交流。这将可能解决信息圈中长期存在的一个瓶颈问题，并最终逐渐消除"信息摩擦"（informational friction，我会在第 5 章详细解释这个问题）。现在，将"信息摩擦"当作是显示信息从发送者流向接收者的困难程度的标签。举例来说，在像是酒吧或鸡尾酒会这样的嘈杂环境中，你需要用喊的方式甚至配合一些手势（也就是增加冗余）来确保别人明白你的意思。比如你需要两瓶啤酒，你得同时说话和做手势。由于具备数据超导性（data superconductivity），信息与通信技术是信息圈中影响信息流动的最重要的因素之一。我们对无摩擦的信息圈习以为常，例如垃圾邮件（因为每一封邮件都能

自由流动）和精细化（因为一个铜板的每一个碎片都可以被计入）。这种"数据超导性"将会导致至少 4 种结果。

忽略的权利（right to ignore）被严重侵蚀。在一个越来越畅通无阻的信息圈中，面对容易预见的事件和很难忽略的事实时，"我不知道"这句话将变得越来越不可信。

"常识"（common knowledge）的数量将以指数级方式增加。"常识"是一个逻辑学领域的专有名词，它的含义是指某件事情不仅大家都知道，而且大家都知道其他人也知道这件事。想象一下一群朋友在社交媒体上交换消息的情形。

第三，前面两种现象的影响也在快速累积，因为关于现在、过去和本来应该有多少信息的元信息已经过剩。我们见证着智能体责任的正稳步增加。信息越是容易获得，没有去查看这些信息的人就越不能被原谅。从道德层面上说，信息与通信技术使得人类对于世界是什么样、将会是什么样和应该是什么样的责任越来越重。这有点儿像是一个悖论，因为信息与通信技术同样会使智能体的责任归因更加困难和模糊不清。

第四种结果涉及信息隐私。这一点非常重要，因此我把它留到第 5 章再细讲。

信息圈，线上线下大融合

在过去大约 10 年间，我们习惯于将人类的线上生活解读为智能体适应数字环境（在互联网上可以不受限制，并能自由搜索）以及智能体将数字环境变为后现代殖民地（互联网作为掌控者）这两者的结合体。这也许是个错误。我们看到，信息与通信技术正在极大地改变我们的世界，它们正在创造新的现实，并推动着对世界和生活的方方面面的信息化解读。**当交互界面逐渐变得不可见，此端（模拟的、基于碳的、线下的）和彼端（数字的、基于硅的、线上的）之间的界限也变得越来越模糊，尽管这种现象对彼端和此端的益处是一样的。**改用贺拉斯^①的名言来说就是："被俘虏的信息圈征服了俘虏它的人。"**线上的数字世界正在逐渐溢出到线下世界，并渐渐融入其中。**这种新近发生的现象被冠以诸如"无处不在的计算""环境智能""物联网"或是"网状扩张的事物"等称呼，而我更喜欢称之为"线上生活体验"（onlife experience）。这是，也将很快成为信息时代的下一个发展阶段。**我们的生活正在越来越线上化。**

永远在线的世代

人工制品和整个社会环境的逐步信息化意味着，理解前数字时代的生活越来越难。在不久的将来，线上和线下之间的界限会越来越模糊，并最终会消失。举例来说，当你正在跟随自动导航系统的指令开车，而自动导航系统在实时更新导航数据库时，询问你是否在线已经没什么意义。同样，当人们坐在根据 GPS 导航自动驾驶的车内查收邮件时，询问他们是否在线这样的问题就会显得不可理喻。

社会学家们常常说起 X 世代和 Y 世代。其中，X 世代是指出生在 1961—1980 年间的人（作者本人也属于这个世代）；而 Y 世代（或者叫千禧世代）是指出生在 1981—2000 年间的人。那么，我们把出生在漫长的 20 世纪 90 年代（称之为"漫长的 90 年代"是因为它一直持续到 2001 年 9 月 11 日）之后的人称为 Z 世代：不只是因为前面两个世代按照字母顺序排列为 X 和 Y，还因为这个时期泽

---

① 罗马帝国奥古斯都统治时期的著名诗人、批评家、翻译家，古罗马文学"黄金时代"的代表人物之一，代表作有《诗艺》等。——译者注

字节已经出现。对于 Z 世代的人来说，世界一直是无线的；"9·11"事件只是他们小学历史课本中的一个章节；西斯廷教堂一直是明亮而艳丽的，因为清洁和修复工作在 1999 年已经全部完工。对他们来说，没有谷歌和 Twitter 的世界是不存在的；维基不止是一种服务，还是一个动词；他们无法想象没有 Facebook 的社交；也不能想象会有在网上找不到的书（亚马逊成立于 1994 年）。他们倾向于认为口袋里的镜子是手机里的一个 App，把维基百科（成立于 2001 年）当作百科全书的同义词来使用。对于 Z 世代，或者更准确地讲是 AO 世代（美国依隆大学教授珍娜·安德森 [Janna Anderson] 称他们为 AO 世代，即 Always-On Generation，永远在线的世代）的人来说（见图 2-6，以欧盟为例，来看看这些国家的民众在工作场所或家以外的其他地点使用无线网络的情况），传统的调制解调器进行信息交换时发出的独特点击声和"嗖嗖"声（也称为"鲸之歌"）听起来就像外星古董，就像 X 世代的人听到电报发出的摩尔斯电码的声音时的反应一样。Z 世代的人不能想象信息圈以外的世界，戏剧化一点来说，信息圈正在逐渐吞噬除了其本身以外的其他现实生活，而 Z 世代的人则正降生在线上生活之中。让我更详细地来说明这一点。

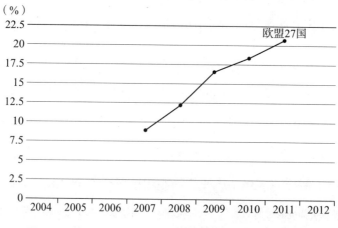

图 2-6　截至 2011 年欧盟民众使用无线网络上网的情况

在不久的未来，越来越多的物体将会实现互相监控、互相学习及交流、提供建议，即成为信息实体（ITentities）。RFID（射频识别）标签提供了一个很好的例子，它能够存储并远程检索物品的数据，并给予物品特有的身份标识，比如条形码。这些标签的大小在 0.4 mm² 以下，比一张纸还薄。将这张小小的微型芯片植入人或动物体内，就产生了信息实体。这并非科幻小说中的情节。根据全球知名行业研究机构 In-Stat 早前的一份报告，2005—2010 年间，世界范围内 RFID标签的产量翻了 25 倍，达到 330 亿个。IDTechEx 公司的一项更新的报告显示，2012 年世界 RFID 市场的价值由 2011 年的 65.1 亿美元增长到 76.7 亿美元。该报告同时还预测，RFID 市场将在未来 10 年内稳步增长，到 2022 年，其世界市场价值将达到 261.9 亿美元。

智能家居与虚拟货币

想象一下将数百亿的信息实体与数十亿已经存在的各种信息与通信技术设备连成网络，你会发现信息圈不再遥不可及，它已经来到我们身边，并将继续存续下去。耐克和苹果的 iPod 部门自 2006 年起便开始就可预见的（但当时却没能预见到）隐私问题进行磋商：旧的机型通过不加密的无线信号传递信息，因而可能被其他人识别。Nest Labs 公司[①]的 Nest 智能温控器是一款能学习和记录使用者偏好的恒温器。只要使用者持续通过简单的表盘来选择舒适的温度，一周后 Nest温控器便能开始自行调节室内温度。它的传感器能知晓使用者的基本生活方式、习惯和偏好。使用的时间越长，Nest 记录的数据越多，它的自动调温效果就越好。

三星的智能冰箱能够探知其内容物，还能提供参考食谱（基于美食家这一服务）

---

① Nest Labs 是一家智能家居设备公司，由被誉为"iPod 之父"的托尼·法德尔（Tony Fadell）和另一位前苹果员工马特·罗杰斯（Matt Rogers）于 2010 年共同创立。迄今共有两款产品问世，分别是智能温控器和智能烟感器。——译者注

以及新鲜食物和即将过期食物的信息。它能通过与印象笔记同步共享购物清单，还能派送优惠券。可以想象,这种冰箱将能学习使用者的偏好、知晓使用者缺少的物品，还能从它的"前任"冰箱那里继承使用者的品位和愿望的相关数据，就像新的笔记本电脑可以从旧的笔记本电脑上导入使用者的习惯设定方式一样。智能冰箱还能记录使用者的新烹饪习惯，并能连接超市的网站，就像笔记本电脑可以连接打印机或智能手机一样；一些雨伞能够接收无线信号，并通过彩色 LED 显示是否需要携带它们；药品瓶盖上的小芯片能通过警告、提醒以及自动请求补充的方式帮助人们更好地管理药物。这些只是成千上万例子中的少数几个。这些在理论上可以实现,不同的是现在这些事真的会在我们的家里发生。

就连货币也开始虚拟化。所有的英镑纸币上虽然都还印着"根据要求凭票即付"这句话，但事实上英联邦在 1931 年就废除了金本位制，因此拿着英镑纸币已经换不到黄金了。欧元纸币上则完全没有任何承诺。既然如今货币可以自由流通，那么钞票同样可以是一堆数字。事实上也是如此——2007 年北岩银行（Northern Rock）倒闭时，Second Life（Linden Lab 公司 2003 年上线的网络虚拟游戏）中的好几家虚拟银行也很快倒闭了。因为 Second Life 游戏不是垄断性的：兑换率（从技术角度来说是赎回率）是 260 Linden 币换 1 美元。类似的情况还有。2013 年塞浦路斯银行发生危机时波及欧元，人们开始为手中的现金寻找安全的避难所，当时虚拟货币比特币（Bitcoin）的价值大幅飙升，1 比特币的售价高达 147 美元，此后又不断刷新纪录。这些现象非常有趣，因为它们将像 Linden Lab 或者说互联网这样的游戏币提供者转变成了电子货币的发行者。

随着线上和线下之间的界限越来越模糊，人们开始困惑，这样的货币何时才能得到有效监管。问题比看起来更加麻烦。2013 年，美国联邦调查局逮捕了"丝绸之路"网站（Silk Road）的幕后操纵者罗斯·乌布利希（Ross Ulbricht），他通过这个非法交易平台获得了 80 万比特币的资产，价值约 8 000 万美元。要想从乌布利希的账户里转出这些比特币，联邦调查局需要私人密钥（保证比特币安全的密码）。然而，美国学者指出，强迫任何人交出私人密码都将违背《美国宪法第五修正案》中关于不得强迫任何人自证其罪的条款。当"货币"与"信息"之间的差别越来越小时，可能会出现新的法律需求。

同样的推理方法还可以运用到忠诚卡和里程计划上。美国主要的零售商，比如百思买和西尔斯，都有自己的忠诚卡计划，提供可兑现的积分、折扣以及其他优惠。英国的两大零售商乐购和塞恩斯伯里超市，也都有著名的忠诚卡计划。与同类计划相似，人们消费时可以获得积分，积分可以抵现，而且你花的钱可能不是自己的，比如可报销的差旅费。这些计划看起来只有书呆子和"绝望主妇"们①可以参与，但实际上成功人士也可以兑现，他们只需使用自己的常旅客飞行里程即可。根据《经济学人》杂志的报道，早在 2005 年 1 月，"全世界未兑换的里程数的价值累计起来已经超过目前所有流通货币的价值"，并且它们几乎可以用来兑换任何东西。里程计划的最大诱惑在于，你可以把花别人的钱换来的里程数装进自己的口袋。例如，2008 年，英国议会的监督机构指出，下议院议长迈克尔·马丁（Michael Martin）把花纳税人的钱出公差积攒的里程数用在了家人身上，这是表明英国社会已经是超历史时代的完美证据（当然，这里指马丁的行为，而不是监督机构的行为）。

马丁（出生于 1945 年）和 X 世代的一些人仍然将信息圈当作一个可以登录和退出的空间。我们中的一些人可能仍然以为，网络上发生的事只会停留在网络

① 这里借用了美剧《绝望主妇》（*Desprate Housewives*）的片名。——译者注

上。在《信息自由法案》（*Freedom of Information Act*）的大前提下，马丁试图阻止媒体曝光国会议员每年的出差费用大约为 500 万英镑这一事实的行为很能说明了问题。我们对于现实的终极本质的理解仍然是现代式的、牛顿主义式的：我们成长过程中接触到的汽车、建筑、家具、衣服以及各种小玩意儿和技术都是非交互式的、无应答式的，并且不具备沟通、学习和记忆的能力。然而，在世界的某些角落，人们的线下生活正在逐渐发生变化，无线化的、普遍存在的、分散式的 A2A 信息进程在完全交互式的、可应答式的环境中正以 A4A（anywhere for anything，任何场所的任何事物）的方式实时运行着。在不远的将来，通过数字手段来确定物品的位置（车钥匙在哪里？眼镜在哪里？）将成为我们的日常，就像现在我们能从地图上知道朋友的精确位置一样。2008 年，英国多伦阿什福德小学（Ashfold Primary School）的 4 名 12 岁男生托马斯·施密特（Thomas Schmidt）、亚历克斯·弗伦奇（Alex French）、卡梅伦·休斯（Cameron Hughes）和安格斯·海恩斯（Angus Haines）获得了"年度家居发明奖"，他们名为"Speed Searcher"的设备能够找到丢失的物品。只要给家中值钱的物品贴上特殊标签，该设备就能通过一台电脑对这些物品进行精确定位。

人造生活，生活在线上

由于日常生活的信息化，一些人已经生活在线上，他们的信息圈变得越来越同步化、没有疆界并且紧密相连。尽管这可以被积极地认为是全球化友好的一面，但是我们也不应该包庇信息化社会已经或将会广泛覆盖和包罗万象的错误观念。除非我们知道如何解决这个问题，否则数字鸿沟可能成为一个裂口，在能够和不能成为信息圈居民的人之间、圈内人和圈外人之间，以及信息富有者和信息匮乏者之间，产生新的歧视。世界范围内的社会地图将被重新设计，导致 Z^+ 世代和 Z⁻ 世代的人们在时代、地域、社会经济水平和文化领域的分歧进一步扩大。同时，这种分歧并不能简单理解为富裕国家与贫穷国家之间的差距，因为它可能跨越不同社会。在第 1 章，我们看到史前时代文明几乎已经全部消亡，只在世界的某些遥远角落里留下了一些小的部落。新的分歧将是历史时代与超历史时代之间的分歧。我们可能正在为明天的信息贫民窟打下基础。

上述转变使我们认为世界是"人造生活"（ALive）[1]。然而，世界的这种活力反而让我们的观念变得与远古文明更为相似，即认为自然的方方面面都是由有目标导向性的力量控制的。第 1 章，我们在探讨数字"史前时代"的悖论和记忆时，曾经提到平行现象。如今，Z 世代的人看到信息与通信技术屏幕的第一反应是用手去点击，而不是找键盘或者摇晃手机。[2] 然而，工业产品的这种活力有时候与人们对信息与通信技术具有无穷力量的盲目迷信密切相关。伦敦希思罗国际机场安装虹膜识别系统（IRIS，通过扫描已注册旅客的虹膜来识别身份）之后，出现的主要问题之一就是一些没有注册过系统的旅客也试图使用这项服务，他们认为即便没有注册过，IRIS 系统也会有办法知道他们的身份。因此信息与通信技术很容易被看作无所不知、无所不能的神明，并且有自己的思想。

下一步是从信息的角度对现实的各个方面进行重新思考。信息化正在我们眼前发生。**把现实世界当作信息圈的一部分已经变成再正常不过的事，这不是反乌托邦意义上的模拟场景，信息圈里"真正的现实"仍然像机器的金属零件一样摩登和坚固。**

---

① 相应地，ALife 是研究人造生命（artificial life）的科学领域，例如试图重建生物现象的仿真和机器人。

② 这就是所谓的"近场通信"，一套设定好了的信息与通信技术标准，让无线电可以通过直接接触或近距离信号传输来通信，比如说交易或数据交换。

在一部具有开创性意义的日本科幻动漫《攻壳机动队》（*Ghost in the Shell*）[①]中，展示了今天网络空间的景象：新港市（New Port City）是一个虚构的、由高科技控制的大都市，它是超历史的、先进的、感官混合环境的一个代表。在这样的环境里，信息圈不再是建立在真实的"物质"世界之上的虚拟环境，而是不断信息化的世界本身，世界将变成信息圈的一种表达形式。数字化的三级技术正在改变我们对机械化的一级技术和二级技术的理解。这场转变的最终结局是，信息圈将从指代信息所在空间的一种方式变成现实的同义词。

4 TH
THE
REVOLUTION
智能前沿

我们关于现实之终极本质的日常观念正在由历史的、物质的角度向超历史的、信息的角度转变，在此过程中，实物和机械化进程发挥了主要作用。这种观念的转变意味着实物和进程将是非物理化的，因为它们不再需要支撑。以音乐文件为例，它们是样品（也叫代表）的品质与整个系列的品质一样好的典型代表——我从你那里拷贝来的音乐文件副本（样品）与你的原版一样好；同时，它们被默认是完全可复制的，比如我的副本和你的原版文件难以区分，因而可以相互替代。给你两个相同的数字文件，仅仅通过查看属性是完全无法区分哪个是原版、哪个是副本的，除非有元数据，比如时间戳（time stamp，通常为字符序列，唯一地标识某一刻的时间）或者个人经历（你知道这个文件是由那个文件复制而来的）。

对实物和进程的物理本质不再过分强调，意味着使用权和所有权之间的关系发生了有趣的逆转，即使用权至少变得和所有权同样重要。我们可以称之为"虚拟的唯物主义"。从社交媒体到搜索引擎，从免费邮箱和免费通信工具这类线上

[①] 日本漫画家士郎正宗所创作的科幻漫画以及由其所衍生的电视动画、动画电影系列作品的统称。1995年，动漫界"怪才"押井守将该漫画搬上了电影屏幕，它是日本第一部由外国公司（英国Manga娱乐公司）全资投拍的动画片，也是西方观众最喜欢的日本动画片之一。——译者注

服务到 Web 2.0 的 App 软件，提供免费使用权的技术依靠卖广告，进而通过数据挖掘和为客户定制产品来生存。不过，这样的依赖性意味着一种后物质主义的文化或期望，提供服务的免费使用权（谁会愿意花钱去买邮箱账号或者社交媒体上的空间呢）不仅有望推动有偿服务（如下一次休假）市场的发展，也能推动商品（如下一件 T 恤）市场的发展。这种现象反过来促进了所有权文化（对你买的 T 恤的所有权）的发展。不过，为了让这种所有权文化生效，潜在的所有权需要被商品化，变为需要持续更新的东西，以便在经济上切实可行，例如消费者需要不断购买新的 T 恤。这样一来，整个循环就完整了。物质的东西也可以用完即弃，因为通过免费服务就能够获得替换品，而免费服务由广告商埋单。

在免费线上服务推动了通过广告购买商品的消费主义时，很容易使人们对哪些东西免费、哪些不免费，甚至该不该免费产生误解和错误的预期。这种误解有助于解释为什么或多或少的合法在线分享如此受欢迎。2013 年，著名的文件分享网站海盗湾（The Pirate Bay）举行了成立 10 周年的庆典，这类提供种子文件和链接以促成 P2P 文件共享的网站之所以如此火爆，与其说是人性堕落的证据，不如说是新文化诞生的标志。任何从历史唯物主义角度辩论说"我不会从商店里偷音乐 CD"的人，都没能抓住真正的难点。与包括 CD 和书籍等在内的普通商品不同，当信息被当作商品时，其往往具备三个重要属性：

- 信息具有非竞争性。不同于吃披萨或借 CD，爱丽丝使用某些信息时，并不妨碍鲍勃在同一时间使用相同的信息。
- 信息不具有排他性。一些信息总是受保护的，比如知识产权、非公开的敏感数据和军事机密。但这种保护必须积极而精确，因为排他性并非信息的自然属性，信息通常是很容易被公开和共享的。
- 信息一旦公开，其复制成本几乎可以忽略不计（零边际成本），这显然与多数商品不同。

基于以上原因，信息有时候可以被看作公共物品，这个观点可以反过来证明设立公共图书馆或公共项目（比如任何人都可以免费使用的维基百科）的必要性。由于信息具备这些属性，前文中从商店偷 CD 的比喻完全不能说明问题，因为它混淆了实物与信息。与"下载非法内容"更为贴切的类比是：你不会在禁止拍照的美术馆里用数码相机拍照。你马上会发现，这种表述更为复杂。我确实不会拍那些照片，但是很不情愿；不过即使我拍了照，也会觉得这与从商店里偷了东西感觉很不一样。**从超历史时代的角度来说，对信息的再利用、更新和升级并非剽窃或者轻率的不道德行为。恰恰相反，这些行为可能是对信息对象可塑性本质的适当运用和欣赏。**

虚拟资产，未来的投资标的

我们的社会和教育系统还没能跟上转变的步伐。不过，在一些新的商业模式中已经开始呈现这种新创意，即重新考虑 21 世纪的商品应当如何包装和销售。举例来说，2013 年，亚马逊开始免费或以折扣价向消费者提供其所购买纸质书籍的电子版本。这项计划叫 Matchbook，适用于 1995 年至今所有购买过纸质书籍的顾客。该计划对音乐文件同样适用。亚马逊的 AutoRip 服务向 CD 和塑料唱片的购买者提供免费的 MP3 版本，该项服务同样适用于此前的购买者。这两个项目都使得数字商品的非法交换变得不那么有吸引力了。

娱乐产业的其他领域也有与此相似的策略。Netflix 的负责人里德·黑斯廷斯（Reed Hastings）认为，可负担的视频点播服务也许可以降低人们对盗版网站的热情，因为它们更易使用又合法，因而风险性更小。他在 2013 年的一次采访中提到："Netflix 成立 3 年以来，加拿大 BT 的使用率降低了 50%。"这是一个有趣的论调，不过为了明确起见必须说明一下，BT 事实上和 http 一样是种网络协议，它的广泛应用是完全合法的。只是因为很多人通过它来非法交换受版权保护的内容，BT后来成了网络盗版的代名词。

最后，关于存在的判定标准，也就是事物完全成为现实的定义，也在发生变化。简单来说，古代和中世纪的哲学家认为，只有永恒不变的才是完全存在的。任何变化的事物都有从无到有再到无的过程，比如动物有一个从不存在到出生再到死亡的过程。近代哲学家倾向于将存在与被感知的可能性联系起来。经验主义哲学认为，事物只有能被人的五官感知到才算是真正存在的。如今，永恒不变和可感知性经由可交互性联系起来。我们的哲学似乎认为"存在即可交互"，尽管交互的对象是短暂而虚幻的。下面的例子可以更清楚和具体地解释上述观点。

近年来，许多国家开始沿用美国的做法，不再将购买软件的费用计入当下的经营费用，而是将其作为一种投资，并与生产过程中其他需要重复使用的资本投入同等对待。购买软件的支出成为GDP的常规贡献项。因而软件被认为是一种（数字）商品，尽管它看不见摸不着。接下来，把虚拟财产也当作一种投资标的应该不会太难。

计算资源本身通常由硬件所提供，因而资源部署的灵活程度通常也会受到硬件的限制。然而，我们正快速步入云计算时代，而云计算可以通过"虚拟化"过程将硬件"软件化"。在虚拟化进程中，人们可以借助于软件传递通常建立在硬件中的计算资源，这些硬件包括专用CPU、存储设备或者网络基础设施。举例来说，通过虚拟化之后，可以用一台实体计算机同时运行多个操作系统，当需要添置新设备时，只需要在计算机中添加新的软件（即虚拟机器），而不必购买物理硬件设备。添加虚拟设备和物理设备之间有很大不同。虚拟化的基础设施一旦到位，虚拟化硬件资源的供应方可以在几分钟内满足使用者的需求，并可能是很大规模

的需求。同样，终止或暂停这些服务也可以迅速实现，只需关闭虚拟设备即可，不会遗留下任何需要再分配或拆除的物理组件。很明显，这会进一步改变我们对机器的认识，由过去的基于物理和机械的观念转变为使用导向的、基于实用性的超历史观念。最近一段时间以来，Dropbox、Google Docs、苹果 iCloud 以及微软的 SkyDrive 已经给数百万的使用者提供了云计算的日常体验。所有需要接口（如 USB 接口等）的驱动都在迅速消失，这是虚拟化运动的一个明确信号。在第 1 章中，我们提到了老式的软盘驱动器，更近的没落者则是 CD 和 DVD 驱动。

虚拟血汗工厂，游戏玩家的生存困境

接下来，让我们讨论一下"虚拟血汗工厂"。在这里，玩家们每天要打 12 小时以上的网络游戏来制造虚拟商品（例如，角色、装备或游戏币），或者完成游戏中不太有趣的环节，比如要打几千个怪物才能进入下一个有趣关卡的环节。然后再将这些产品卖给其他玩家。"虚拟血汗工厂"已经运营了 10 多年，它们和网络游戏一样"古老"。在我写这本书的时候，大型多人在线角色扮演游戏（MMORPG，如魔兽世界）的最终用户许可协议（EULA，即用户在安装商业软件时同意接受的条款）仍然不允许买卖虚拟财产。这种条款的性质就像微软 Office 软件的 EULA 剥夺用户对在该软件上建立的电子文档的所有权一样。情况可能会发生变化，毕竟越来越多的人正在投入成百上千小时建造替身和资产库。

将来，人们将能继承自己想要的数字实体，并把它作为遗产转赠给后代。事实上，尽管虚拟财产的买卖是被禁止的，但在 2007 年之前，eBay 上曾有大量虚拟财产在售。索尼公司迅速推出了"交换站"，为玩家提供有安全保障的官方拍卖服务，玩家在遵守许可协议、规则和指南的前提下，可以用美元买卖游戏币、游戏物品和游戏角色的使用权。该项服务推出仅 30 天，总交易额就达到了 18 万美元。

虚拟财产的所有权被合法化之后，下一步就是相关财产诉讼的增加。最早的此类诉讼出现在 2006 年 5 月，美国宾夕法尼亚州的一位律师起诉 Second Life 游戏的发行方，称其非法没收了他游戏账户中价值达数万美元的虚拟土地和其他财产。

接下来很可能是保证游戏替身安全的保险，就像可以在超市买到的宠物保险一样。这里，魔兽世界又提供了一个绝佳的例子。魔兽世界的玩家数量（2011 年 6 月为 1 110 万，2012 年 10 月为 1 000 万，到 2013 年 5 月为 830 万）可能已经越过峰值。有趣的是，尽管受到来自 Skylanders（游戏设定为实体玩具通过"能量传送"进入线上世界进行游戏，而传送过程经由使用近场通信技术读取实体玩具的标签实现）这类游戏的挑战，魔兽世界依然是全世界玩家数量最多的大型多人在线角色扮演游戏。如果按照游戏的人口规模排序，魔兽世界在全世界 221 个国家和地区中排在第 91 位。魔兽世界的玩家们在投入了上百万个小时的人力建造、丰富和完善数字资产的基础上，当然会乐意花点儿小钱保证它们的安全。

4TH
THE
REVOLUTION
智能前沿

虚拟化服务和虚拟财产的结合带来了前所未有的机遇。如今，给一台机器（比如存储着数据的笔记本电脑）投保很容易，但是要给其中存储的数据投保却并不容易。这是因为，尽管数据也可能是无价的、不可替代的，但它们能被完美复制且费用极其低廉。这与实体对象正好相反，所以对保险公司来说，很难确定数据不可复原时造成的损失有多大。不过，云计算分离了数据的物理持有方（供应方）和所有权方（使用方），因而当供应方物理上持有数据并负责维护时，该数据的使用方/所有权方毫无疑问地会希望给数据投保，以便能在发生损坏、丢失和故障时获得赔偿。使用方应当能够准确地给数据投保，因为他们有数据的所有权，尽管他们并不是物理持有方。"网络保险"已经出现了许多年，但只有基于云计算时它才真正变得可行。我们可能会见证一种令人欣喜的转变，即将被保险的对象由硬件变为数据以防范数据发生不可复原的丢失或损坏的风险。

信息品牌化，去个性化的社会

排除一些重要的特例，特别是远古文明时期的花瓶和金属工具、雕刻品以及古腾堡发明金属活字印刷术之后的书籍——工业革命才真正标志着人类社会由单一商品的唯名论时代进入产品多样的理想化时代。工业产品可以重复生产，并且每一件都完全相同、难以分辨，因而从实用主义角度来说它们可有可无，因为它们可以在一定范围内随意被替换，并且不会造成任何损失。在我们的文化中，我们对各种事物有着完善的期待和严格的标准，即便我们明知有些东西来自大自然。举例来说，英国食品工业生产的多达 40% 的食品最终没有进入市场，它们因为不符合外观要求（大小、形状不符或有瑕疵）而被舍弃。零售商们知道，消费者不会买长得不好看的东西。

同样，在时尚行业，当模特的身材不那么完美时，必须要与众不同的大众观点以及数字技术的可塑性共同造成了修饰照片现象的普遍存在。所有的数码照片都被常规和程式化地修饰过，以便将照片中的人塑造成脱离现实的、有误导性的固定模样。这显然会对消费者，尤其是青少年造成不良影响。在英国和法国，关于要不要颁布法案来限制这类行为的讨论已经持续多年，但人们至今还在争论刊登警示标语和免责声明能否改变公众的观念。

我们的祖先在买马时，他们买的是"这匹马"或"那匹马"，而不是"马"这个种类。今天，两辆汽车可能完全一样，这是显而易见且毫无疑问的。我们去试驾样车，然后选择购买某种款型的车，而不是购买某--辆车。我们购买种类而不是代表。如果你的车出现质量问题，那可能是生产过程中的某个模具出了错，会影响到千千万万的消费者。汽车工业史上迄今为止最糟糕的召回记录发生在 1981 年，涉及福特、水星以及林肯 3 个品牌的 2 100 万辆汽车。与此相似，我们正在步入一个将维修和替换当作同义词的商品化时代，即使有时候需要维修的是整体而不只是局部。

这种更喜欢物品种类的转变通过补偿提升了信息品牌化（与建立文化环境和个人哲学相似的过程）和重新解读的优先级。人们在车窗上贴标签以将自己的车与其他相同的车区分开来，这是一种支持唯名论哲学、反对柏拉图哲学的抗争。学生通过贴标签来个性化自己的笔记本电脑的行为也是一样。

图灵革命进一步加剧了这种进程。一旦橱窗购物变成网络购物，人们不需要逛街而只需要浏览网页，将个体抽象化和典型化为独一无二、不可替代的实体的进程，可能开始侵蚀我们的个人身份意识。我们可能有表现为或把自己概念化为大规模生产的、众多匿名个体中的一个，并暴露于线上的几十亿相似个体面前的风险。我们可能会把其他人归到不同的类型中去：从性别到信仰、从家庭角色到职业地位、从受教育程度到社会阶层。

在信息圈中，由于作为使用方越来越多地被邀请基于指示物而不是现实依据做决定，我们无法尝遍城里的所有餐馆（现实依据），因而依赖于网上的推荐（质量的指示物），我们共享并且推动了一种代理文化。

LinkedIn 的每个页面代表一个人，被链接的次数代表相关性和重要性，"喜欢"是令人愉悦的代名词，TriPadvisor 成了休闲旅行时的向导。显然，这个过程给广告业及其虚拟物质主义的新辩证法增加了燃料。同样，这个过程最终也将适用于我们。在代理文化中，我们很容易被去个性化，并且被归入某种类型（某一类顾客，某一类司机，某一类居民，某一类病人，居住在某个邮政编码范围内的人，开某一款汽车的人，常去某类餐馆的人等）。这类代理可能进一步被用来将我们重新定义为某种特定类型的顾客，以满足定制的需要。我不清楚这些过程中有没有不道德的做法，重要的是我们必须认识到，信息与通信技术正在对我们、我们的身份以及我们对自己的认知产生怎样重要的影响。

THE 4TH REVOLUTION

03

身份认同

|线上人生，不一样的自我|

现实生活中，具有超级自我意识的一代中将整个成年时期沉浸在 Facebook、谷歌、LinkedIn、Twitter、博客、YouTube、Flickr 等社交媒体上的人的数量快速增长，在网上建立个人身份认同是一种具体且迫切的需求。"微叙事"在很大程度上改变了我们的社会认同感以及我们看待自己的方式。而且，记忆在塑造个人身份认同的过程中也起着至关重要的作用。

重塑自我

不久前，我遇到了一个既聪明又充满朝气的研究生，她在2003—2004学年期间正式注册成为 Facebook 的用户，那时她还在哈佛大学上学。她的 Facebook 账号是246，这给我留下很深的印象，感觉她就像是降落在 Facebook 这颗新星球上的第246位居民。但这种以数字编号的 Facebook 账号在2009年就开始渐渐淡出了人们的视线，Facebook 在这一年采用了更加友好的用户名来方便人们更好地找到其他用户。这种改变很有必要，因为几年后，Facebook 的用户规模已经极为庞大，世界范围内又有数以亿计的用户加入。Facebook 的注册用户在2010年达到了5亿人，在2012年更是突破了10亿人的关口。

上述例子只是一个很好的佐证，它显示了越来越多的人是怎样花更多的时间来"宣传"自己：即在一个既不是完全虚拟，也不完全真实的信息圈中，这些人通过互联网与其他人进行互动（回想以下3种基本操作：阅读、写作和执行）。这个佐证也表明了信息与通信技术在塑造我们的个人身份认同上有着多大的影响力。可以说，它们是我们目前体验到的最重要的关于个人身份认同的技术，即自我技术（technologies of the self，由法国哲学家米歇尔·福柯提出）。很显然，我们必须妥善处理这些技术，因为它们在我们塑造自身的过程中极大地影响着当时的环境背景和我们的做事方式。下面让我来详细阐明这一点。

在哲学中，关于我们是谁——让我们把这叫作"个人身份认同"（personal identities），以及我们认为我们是谁——让我们把这叫作"自我意识"（self-conceptions），这两个范畴有很明显的差异。让我举个例子来说明："是拿破仑本人"和"相信自己就是拿破仑"这两者之间是有很大差别的，这是毋庸赘言的。这两个"自我"，一个是"自我身份认同"，另一个则是"自我意识"，只有在以一种健康的、相互的方式互相支撑时，它们才能相互促进。**自我意识不应该仅仅趋近或受"我们是谁"的影响，我们实际的个人身份认同也会受到"我们认为我们是谁"或"我们希望自己成为谁"的影响。**例如，要是你认为自己足够自信，那么你就可能成为你所希望成为的人。

反过来，如果自我意识能够被"我们被告知成为怎样的自我"和"我们希望自己被别人怎样看待"轻易影响，那么事情就会变得更加复杂。这就是我们所说的"自我"的第三个层次，即社会自我（social self）。伟大的小说家马塞尔·普鲁斯特曾这样雅致地描述过"社会自我"：

> 但是那时候，即使我们是日常生活中最微不足道的细节，也不能说整个物质世界是由我们构成的，物质世界对我们来说都是相同，而我们只需要像翻开一本账簿的一页或是打开一份遗嘱；我们的社会性格是由其他人的想法所塑造的。即使是最简单的行为——"与我们认识的人见面"，在一定程度上也是一种思维过程。我们通常会通过业已形成的对他人的看法来形成对他人的基本认识，我们脑海中已经形成的对他人的看法肯定会产生很大影响。最后，他们自身会在渐渐朝着我们设想的方向靠拢：他的面颊

线条跟我们设想的完全一样，他鼻子的线条也跟我们设想的完全一样，他的声音如此和谐地混在一起。所有这些看起来就像是一个透明的信封一样，以至于我们每次看到他的脸或是听到他的声音时，就会认为这是我们根据自己所想和所听而得出的关于他的看法。

"社会自我"是一条主要的渠道，通过信息与通信技术，特别是互动社交媒体对我们的个人身份认同产生了重大影响。**由于个体社会生活环境的改变、社交关系和享有信息的更改，以及心理承受限度（心理承受限度除直接影响个体与世界的关系外，还间接影响着个体与自身的关系）的变化等因素的共同影响，一个人的社会自我可能会大为改观，而这又会反射到"自我意识"层面，最终对个人身份认同产生极大的影响。**还是举前面的那个例子：如果人们认为并说你有自信，你就会希望自己被人看作自信的，然后你就可能会更加说服你自己要有自信，到最后你实际上就真的变得更加有自信了。

关于个人身份认同有很多经典的困惑，它们通过时间或是可能的场景联系在一起并延续下来。例如，现在的你跟去年的你是同一个你吗？如果在不同的环境下长大，你跟现在的你还可能是同一个人吗？如果将你的脑袋移植到另一个人的身体上，你自身还剩下多少？对经常反思这类问题的人来说，在网上建立个人身份认同的现象看起来可能是无聊的，是用来转移注意力的，是一种"虚假的哲学"，并不值得深思。但在现实生活中，整个成年时期都沉浸在 Facebook、谷歌、LinkedIn、Twitter、博客、YouTube、Flickr 等社交媒体上的人的数量快速增长，对他们来说，在网上建立个人身份认同是一种具体且迫切的需求，在线上揣摩自己的个人身份认同问题，并严肃地将其视为"取得进展的工作"，每天花费精力重塑和更新个人身份认同，是再自然不过的事。这就是所谓的具有超级自我意识

的一代人，他们会将自己的观点、个人爱好、私人信息甚至一些极为私密的经历，
在 Facebook、Twitter、网上视频和即时信息应用上不断更新状态。

超级自我意识

要对网上动态随时作出准确反应并保持更新状态并非易事，而且也不能掉以
轻心。2012 年，美国公布的一项由皮尤研究中心（Pew Research Center）发布的
研究显示：未成年女孩平均每天会发送 80 条短信，未成年男孩平均每天只发送
30 条短信。在如今这个充斥着短信的时代，如果你认为发邮件过于老套，那么也
许就需要再度更新一下自己的认识了。2012 年，聊天应用（例如 WhatsApp）上
的即时信息数量首次以较大的差距超过了短信：平均每天的即时信息发送量是
190 亿条，而平均每天的短信发送量则为 176 亿条。在写作本书的同时，预计每
天有将近 500 亿条的即时信息在被发送，而传统的短信发送量则为 210 亿条。

在人类历史上，从来没有过这么多的人向如此数量庞大的受众展示、记录
和报道与自身有关的细节。大量关于各种类型和主题的"微叙事"的影响是显而
易见的。举个例子来说，这种"微叙事"已经改变了我们约会和恋爱的方式。社
交定位网络应用中的 Grindr（能够帮助用户搜索同性恋、双性恋倾向的男性，并
与他们成为朋友或是约会）、Tinder（一款婚恋应用，能够帮助出于约会和社交
目的的用户进行匿名沟通）在网民中大受欢迎，因为它们能够根据附近其他人的
简历和性向偏好来定位潜在的约会对象。根据电子产品零售商 PIXmania 在 2013
年进行的一项调查，英国人更加倾向于通过发 Twitter 来开始一段关系，且平均

需要发 224 条 Twitter 才能开始一段关系；而相对来说，短信则需要发送 163 条，
Facebook 需要发送 70 条，邮件需要发送 30 封，电话需要打 30 通。当关系确立以后，
接受采访的超过 1/3 的情侣们承认互相发送过直白的短信和图片，即所谓的"色
情短信"。人们也倾向于通过信息与通信技术来终止一段关系，这样一段关系的
开始和结束都会存在一定的距离。调查表明，有 36% 的人选择通过手机来跟恋
人分手、27% 的人选择短信，13% 的人选择通过社交媒体。见到本人再说分手
的事现在已经太老套了。

"微叙事"在很大程度上改变了我们的社会认同感以及我们看待自己的方式。
它们代表着数量巨大的外部化的"意识流"。美国著名哲学家、心理学家威廉·詹
姆斯（William James）发现，这种"意识流"很有意思：

> 意识本身并不是以碎片化的形式出现的，它不与其他事物连接，而是
> 流动的。一条"河"或一条"溪流"只是一种比喻的说法，这是关于意识
> 的最自然的表达。所以，在后文再次提到"意识流"时，我们将把它称作
> 意识流、意识或主观认识。

如今，意识仍然像是一条"溪流"。它确实是以碎片化的形式出现的，但却
与詹姆斯所提到的碎片化不同——在社交媒体领域，它更多地是以数字化的碎片
形式呈现出来。无论多么微小、无关或隐私的小事，都可以在社交媒体上出现。
任何数据点都可以指向对于一个人个人身份认同的描述。任何微小的信息也都能
在某些地方有迹可循，其中包括校友多年前寄来的"囧照"，这些照片同我们这个
地球上的其他事物一样，最终当然都会消失，但同我们这个会比以前消失得更慢
一些。

一些悲观主义者对拥有高度自我意识的 Facebook 一代——他们经常在谷歌地

图上询问和回答"你在哪儿"这个问题,表示惋惜,因为这些已经跟现实生活脱节了。悲观主义者们抱怨道:这样的新兴一代生活在虚拟的泡沫中,他们愿意关注的只有金钱;他们不能参与到真实生活中来;他们沉浸在虚假的幻想中;他们不能容忍任何慢节奏的事,甚至连比一场 TED 大会演讲耗时稍长的事都不能容忍;这种生活是由自恋的充满自我主义的自拍照组成的;这一代是不能承担责任的一代,因为所有的事情都会以一定的方式被清除和修改(这就是所谓的"被遗忘的权利")。

这些抱怨也许还是有一些道理的。2013 年,Instagram 上有超过 2 300 万张带"#selfie"(自拍照)标签的照片,有 5 100 万张带"#me"(我)标签的照片。就在我写作本书之际,类似于 Instagram 的搜索引擎显示,带有"#selfie"标签的照片数量已成倍增长,达到了 5 200 万张,而带有"#me"标签的照片数量则约成 3 倍增长,达到了 1.44 亿张。尽管有这些数据,悲观主义者还是不能说服我,主要有两个理由。

- 第一,我们设想的真实环境在很大程度上也是受文化环境所影响的。我们所认为的"自然"只不过是经由人们造成的不那么明显的结果,例如一个精心打理的花园。我们确实对自身所处的星球有这种影响,现在地理学家们发明了一个新说法——人类世(anthropocene,我将在第 9 章详细探讨)。"自然"通常是文化对存在于其周围的事物的认识。

- 第二,由于社交媒体为我们更好地掌握自身的社会属性提供了前所未有的机会,因此在塑造自我的社会属性时,我们可以更自由地选择其他人的想法,和他人更好地互动,而这些对普鲁斯特的"社会自我"的释义又会间接地决定我们的个人身份认同。想想看,社会属性自我的建设(即别人认为你是谁)是怎样影响你的自我意识的发展(即你认为自己是谁)的,而自我意识的发展又是怎样影响你的个人身份认同(即你是谁)的发展的。在社会属性方面拥有更多的自由,也即意味着在塑造自我方面拥有更多的自由。

在线建立个人身份认同的自由已经和彼得·施泰纳（Peter Steiner）发表于1993年的著名漫画中所寓意的匿名自由迥然有别：漫画中有一只狗在写邮件，并告诉另一只狗"在网上，没人知道你是一只狗"。这些都是20世纪90年代的事了。如今，只要一个用户本身是或表现得像是一只狗，那么Facebook、谷歌或者一些安全部门可能就会知道这个事实。当然，这也是跟自主决定和自主权相关的自由。你可能已经发现在"你是谁"这个问题上向其他人撒谎越来越不容易，特别是当有上亿人在关注这件事时。但是，你肯定会尽最大努力向其他人展示真正的你是谁、你期望成为谁，而这个事实会在长时期的过程中塑造出另一个不同的你，不管是在网上还是在实际生活中。所以，线上生活体验有点像是普鲁斯特的账簿，所不同的是，我们都是共同作者。

悲观主义者可能还有另一个论点。他们对自己正在浪费一个极好机会的惋惜可能是正确的，因为结合普鲁斯特的比喻来说，我们所写的东西并不值得一读。他们对我们作为作者进行自述的做法表示失望。然后，他们又可能会对过去抱着不切实际的美好幻想。Facebook的出现揭示了一个令人尴尬的事实，即大部分人是怎样度过他们辛苦工作之后迎来的假期的：长久以来，电视剧迷们都在"柏拉图洞穴"的墙前①或是在电视屏幕前看着电视节目，并闲聊着他们的猫和过去的假期。亚里士多德深知要过哲学家生活必须得有闲暇时间。只是，如果调换主语和宾语，事实可能未必如此：闲暇时间并不需要哲学，它可能只会带来娱乐。其

---

① 柏拉图在《理想国》中提出了他的"地洞寓言"（Allegory of the cave）。一些人终身被锁在地洞的墙边。他们面对着空空的墙壁，能看到的只是他们身后那些东西透过火光映射在墙上的影子。从技术上来说，这已经是柏拉图对虚拟现实观点最接近的理解。柏拉图用这个比喻解释了我们是怎样把自己认识的这个世界错认为其背后真正的现实。在这个比喻中，这位哲学家就像是从洞中逃离的犯人，并意识到墙上的影子并不是真实的，而仅仅象征着现实的正确形态，并希望回到洞中去帮助其他人。

结果就像歌剧《茶花女》在开场时的唱词一样。

> 我们在弗罗拉家打牌，
> 当我们打牌时，
> 时间悄然流逝了。

本章后文将不再继续探讨悲观主义者，也不会探讨信息与通信技术将怎样使我们变得更加孤单，或是怎样驱使我们沉浸在虚幻的世界中无法自拔而最终为时已晚的，但我还是会在本书结尾时简要地谈谈这个问题。我更愿意看到光明的一面，并积极探索同样的信息与通信技术将会如何影响我们对自己作为信息体的认识。

提修斯的船，身份认同的悖论

关于个人身份认同、自我意识和自我的社会属性问题由来已久，如同哲学问题"我是谁"一样古老。基于这些，一些人可能认为关于这一话题不会再有新的看法出现，但结合现在社会的变化，这种观点未免太过于草率了。我们已经认识到，人类生活正在迅速地变成线上生活体验，它在我们形成自我身份认同以及集体身份认同的过程中影响着很多限制条件或有利条件。现在我们越来越认识到一个平常但是史无前例的现象的重要性，这个现象被人们描述成个人身份认同的线上建设。我们增加了自己花在信息圈的时间，那么，我们是谁？我们会成为谁？我们能成为谁？这些问题的提出是合理的，但是它隐藏了一个悖论，即所谓的"提修斯的船"（Theseus's ship）。所以，在解决这些问题之前，我们最好探讨一下这个悖论，并探究一下能否避免它。

以下是伟大的希腊历史学家普鲁塔克（Plutarch）对于这个问题的描述。

> 提修斯的船被希腊人一直保存到迪米特里厄斯·法勒雷乌斯（Demetrius Phalereus）时期，他们换下了已经腐朽的木板并且在木板被换走的地方装上新的更加坚固的木板。这样，这艘船在哲学家中成了一个很好的关于事物成长的逻辑问题的例证：一方认为船还是一样，另一方则认为船已经不是同一艘船了。

你可能也遇到过类似的问题。还记得第 2 章中提到的斧子吗？如果你父亲换掉了斧柄，你换掉了斧头，那么这把斧子还是你祖父的那把斧子吗？提修斯的船以及你祖父的斧子是同一系统，而且很难具体说清是什么使它们保持完整并处于工作状态，这跟回答历经时间和变化后，是什么使它们仍是那一艘特别的船以及那一把特别的斧子的问题一样困难。而真理是，它们都处在同一特定系统中。

设想提修斯的船、你祖父的斧子和你自身由相互影响和协调的部分所组成似乎是合理的，但这里涉及的问题是这些部分共同作用后所产生的变化。不妨拿你的身体来说明。随着时间的流逝，你身体的大部分细胞都会被新陈代谢替换掉，但是一些基本的模式却会保持不变，所以换掉的不可能是完全一样的部分，而是它们相互作用的关系，它们互相影响的本质并不会变。那又是什么能够保证像你身体一样的系统的完整和协调？这个"胶水"是什么？它如何才能使系统在不同的地点、不同的时间，以不同的方式存留下来，并且能够作为一个单一的、连贯的和连续的实体？这就是我们所说的"提修斯的船"悖论。如果想避免这个悖论，我们需要借助于第 2 章中提到的一个概念，即交互界面。

关于某个事物的认同问题如果不能指明相关的交互界面，那么它就会变得似是而非。请看以下例子。假设现在的学校是由医院改建而来的，那么要问它们还是不是同一栋建筑似乎很傻，只有一个人能够指明提问的背景和目的，与正确的交互界面所对应的相关答案才能得到提供。比如，若上述问题的提出就是为了指向相应的答案，那么相关的交互界面便是"位置"，正确的答案是肯定的：它们是同一栋建筑。如果提出的问题是为了了解建筑室内发生了什么，那么"社会功能"就成为相关的交互界面，因此对应的答案很明显是否定的：它们不是同一栋建筑。所以它们究竟是或不是同一栋建筑呢？**这种认为只有一个独立于背景、目的和认识的正确的绝对答案的错觉，即独立于相关交互界面的错觉，是导致上述悖论的根本原因。**

有人可能还会反驳：即使我刚刚说的一切都是对的，当质疑个人身份认同问题的时候，一些交互界面仍需要优先考虑。但是这样的回答不太能够站得住脚。当被调查的那人是《圣经·使徒行传》中年轻的扫罗（他为那些向司提反扔石头的人看管斗篷）或是后来所谓的保罗时，同样的分析也是如此。扫罗和保罗是或不是同一个人，蝴蝶是或不是毛毛虫，罗马是或不是恺撒大帝遇刺时和你去年旅游时的罗马，你是或不是去年到达那里的同一个人，你是或不是你 Facebook 简介上描述的那个人……这些都取决于你为什么提出这个问题，因此也就取决于你是不是找到了正确的回答这个问题的交互界面。

这并不是相对论。给出特定的目的，一个交互界面比另一个交互界面更好，问题也会获得更好或更坏的回答。如果是关于船在法律上的归属问题，那么不管船被更换了多少地方，这艘船还是"提修斯的船"。我们可以和征税人玩一下"提修斯的船"把戏。如果所关心的只是原来的木板去哪了，那么收藏家肯定不会付相同数额的钱来买它，因为这已经是一艘不一样的船了。不同时间、不同情境下关于身份认同和相同性的问题确实是很好的目的指向性问题，它们的提出可以是分担责任、计划旅行、收税、所有权或著作权的归属，也可以是信任某人、授予某人某事物，等等。到目前为止，由于它们是根据特定条件处理的，所以它们并不值得我们严肃对待。因为在没有相应的目的和交互界面的背景下，尽管它们可能会非常有趣，但却毫无意义。这就像不给出是什么样的圆周而去寻找圆的中心在哪、不指明哪国货币而告知物品价格一样没有意义。

我们的信息本性

现在让我们回到最初的问题：当我们把更多的时间花在信息圈时，我们是谁、我们将成为谁、我们能够成为谁？我们已经明白，自我身份认同和再次确认你就是同一个你的过程需要在信息完整的背景下才有意义，即应该以一种审慎的方式来分析不同背景下影响答案合理性的因素的作用。现在，我们的目的是，要理解信息与通信技术是否会对我们的个人身份认同产生影响，以及它们是怎样对我们的个人身份认同产生影响的。这看起来似乎是借由关于自我的信息背景提供给我们正确的交互界面。一些哲学家的理论正可以帮助我们解答现在的问题。在众多的寻求塑造自我身份认同的方法中，有两种方法特别突出，它们广受欢迎，并很可能有助于解答前面的问题。

一种方法要追溯到经验主义哲学家约翰·洛克时代了。简言之，这种方法认为你的身份认同的基础就是你的意识的统一和记忆的连续。这听起来有点笛卡儿的意味，因为它正是紧随着笛卡儿的"我思故我在"论点的讨论：只要你是一个在思考的个体，你就是一个在经历这一特定思维过程的特定思考个体。如果你的意识或记忆在剧烈地变动，你就可能不再是你了。这就是为什么你可能愿意将你的思维植入到其他人的身体内，而不愿将别人的思维植入到你的身体内。

第二个方法被称为"自我叙事理论"（narrative theory of the self）法。根据这个理论，你的身份认同是一个"故事"，人们将其理解成社会的或自我传记式的加工品。不妨回忆普鲁斯特对社会自我所做的阐释：我们互相"认同"（或者提供给他人认同），这是至关重要的，尽管这不是确立个人身份认同这一复杂游戏的唯一方法，特别是在新的信息与通信技术会对人们的社交机会产生极大影响的背景下。设想一下，假如你每次醒来后人们都会把你当作另一个完全不同的人来对待，那你离疯不远了。

智能前沿

不管你是更偏向洛克的方法还是偏向"自我叙事理论"法，有一点你要清楚：两种方法都提供了理解自我的信息背景。"自我"被看作一个复杂的信息系统，由意识活动、记忆或自述组成。从这个角度来看，**你就是你自己的信息中心**。既然信息与通信技术对于信息模式的影响这么深刻，它们跟接下来提到的具化、空间、时间、记忆和互动、洞察力、健康和教育的重要性一样，确实是很强大的技术。

将自我当作一个 App

自我的信息形成可能会促使人们形成对思维和身体关系的二元化观点，多多少少跟硬件和软件的区别一致。我们深受信息与通信技术影响的文化为科幻场景提供了完美的说服力：在科幻的场景中，你能换掉原有的身份，或是类似一个App，自身作为跨平台结构的迹象。想一想关于"思维上传"（mind uploading）和精神哲学中的"身体互换"（body swap）的辩论。在很多案例中，吸引人的不是这些思维实验有趣和虚构的特性（它们似乎比较容易让人分散注意力，于学术上毫无建树），而是我们投入其中的准备工作，因为这暗示了信息与通信技术是怎样在我们形成自我意识的过程中起到了特别的作用。

看来似乎是身体、它的认知特性、功能和活动，以及情绪和伴随情绪的意识，相互交织在一起，并最终形成了自我，这一点不容置疑。我们的身体和感知力使我们的精神生活和形成自我成为可能，因此任何带有偏见的二元论看起来都是不公正的，而这种老生常谈却也揭示了一个事实和一种可能性。

首先谈事实。即使一些原因对于一些结果的产生是必要的，也并不意味着一旦这些结果产生了，这些原因就一定还在那里。用一个类比来说明。我们都知道，没有毛毛虫就没有蝴蝶。但是如果坚持认为一旦蝴蝶成形了，毛毛虫肯定还在那里为蝴蝶生存提供养分，这无疑是错误的。同样，我们的信息文化似乎更偏向于下面这一想法：**没有身体就没有自我的发展，而一旦后者形成了意识，自我生命可能会是完全内部化的，并且独立于使它成为可能的特定的身体和设备。**再举一个例子。即使跳板能辅助你跳得更高，但当你在空中时，你已经不再需要跳板，而且你腾空持续的时间受重力作用所限制。[①]这些例子并非表明自我不需要物质平台。保持已经构造的自我还是需要一些平台的，但这也不意味着任何平台都是合适的。但这确实也为选择更宽泛的平台，甚至在平台改变时保持永久自我的暂时稳定性提供了可能。

接着谈谈可能性。身体本身（而且不仅仅是身体本身）也可能会在信息背景下更好地被理解。对于这个观点有很多种说法，但最受欢迎的一种是大家所总结的"万

---

① 因此，路德维希·维特根斯坦（Ludwig Wittgenstein）的观点是正确的，即没有公共语言，私人语言（一种属于我的语言，只有我会使用）也不会存在。但是一旦有一种公共语言可用，使用者似乎就会弃用这种公共语言并将其私有化。维特根斯坦并不否认哈姆雷特可以用他的私人语言自言自语。他认为，不将一种公共语言私有化的话，哈姆雷特的行为就是不可能的。

物源自比特"（it from bit）的假设，它是由美国物理学家、"黑洞"一词的命名者约翰·惠勒（John Archibald Wheeler）提出的。

> 万物源自比特。换言之，每个物理量，即任何粒子、任何力场，甚至时空连续体本身（因此我特地在这里提到"身体"），其功能、意义和存在本身都完全（即便在某些情境中是间接地）源自比特。"万物源自比特"代表了一种想法，即物质世界中的每一项事物在最最基本的层面都有一种非物质的来源和解释，这在大部分例子中都是成立的；我们所称的"现实"来自于我们提出的是或否的问题，以及明确指明成立条件的回答。总之，所有的物质存在在来源上都具有信息理论性，而且这是一个参与型的世界。

根据"万物源自比特"的假设，我们的身体也是由信息组成的，而不是由实实在在的物质组成。这不是一种二元论，而是一种以状态为基础的一元论。你可以试想物体的各种形态，例如你会想到水，水以气体、液体或是固体的形态存在。如果"万物源自比特"这个假设是成立的，那么思维和自我属于一类，头脑和身体则属于另一类，这就像是信息的不同形态或是不同的信息形态。物质与非物质可能是基本信息物质的两种状态，它随着关于位置与存在的讨论加强。

处于空间中：位置 VS. 存在

信息与通信技术放大了自我存在和所处位置之间的差异。一个活着的有机体（比如蜘蛛）只有将其定位为具体的、嵌入式的信息处理系统时，它在认知层面才是存在的。一个活着的有机体能够意识到自己的信息处理能力，比如一只正在做梦的狗在梦中追赶兔子时，才能体现它的存在感，而实际上这只狗却在梦以外的位置，即在房间里的某个角落。但是，自我是一种有机生命体，它能够选择所处的位置、能感知到自身的信息处理能力和在这些能力中自身的存在。自我和通常所说的精神生活，依赖于大脑，却并不存在于大脑。这就是信息与通信技术能如此轻易地将我们的意识和位置分开的原因，当我们的身体在某一位置时，我们的意识却可能在他处。

处于时间中：过时 VS. 衰老

信息与通信技术增强了延时效应，因此在数字环境中，随着时间的推移，我们能很容易地对同一事物进行反复辨识。问题是，虚拟环境可能会正常运转，也可能不会正常运转。问题可能变得过时，但是它却不会变老。你不难想到这一点：**会过时的事物或多或少都在慢慢变得过时；相反的是，自我虽会衰老，但却以一种优雅的方式慢慢变得衰老。**这种我们刚开始体验并正在学着应对的效应便是自我和网上环境之间的长期不对等，也是部分的自我（比如我的脸）和一定会过时的部分（比如我驾照上的照片）之间的不对等。非同步性在网络环境中正在产生着新的语境。

记忆和互动，束缚自我

我们知道，记忆在塑造个人身份认同的过程中起着至关重要的作用。任何一项技术的首要目的都是管理记忆，记忆显然对个人自我身份认同的发展和确定产生着重要的影响。个人记忆不仅仅与数量有关，它的质量、可靠性、可得性和重复性，对我们认为我们是谁和我们将成为谁产生深刻影响。同样重复的记忆不仅会对接触到它们的个人产生重要影响，也会对人们对过去的认识、对发生在他们身上的事情的理解，以及对他们怎样厘清自己是谁产生重要影响。X世代的记忆中充满了"重播"键。现今，我们回忆中的"玛德琳蛋糕"①已经变成数字产品了。

直到最近，仍有乐观的观点认为，信息与通信技术能鼓励个体积极塑个人身份认同。未来看起来似乎更加微妙。记录下来的记忆似乎会对它们作为主体的天性进行定格和加强。我们积累和外化的记忆越多，就会有越多的叙事局限影响到个人身份认同的确立和发展。**增加我们的记忆同时也意味着减少我们重新定义自己的自由度；遗忘是建立自我过程的一部分。**

对于未来一代，我们能提供的一种可行方法是，对促使自我本性具化的事物采取节制的做法，并对确立自我的新的精炼的技能更加熟练。对个人消费和公共消费记忆的捕捉、编辑、存储、保留、管理将变得更加重要，不仅仅是因为在第4章中我们会谈到的保护信息隐私的条款，还因为确立更加健康的个人身份认同的条款。这些对于互动也是适用的。线上生活不会尊重线上环境和线下环境之间的界限，它导致的结果是，Facebook上能出现谎言的可能性将大大降低。在这种情况下，解决的方案可能是提供更多、更安全的场所，以供表达自我和确立自我的个人身份认同。

洞察力，数字时代的"凝视"

"凝视"（gaze）是一种复杂现象，值得进行长时间的研究。以下比喻非常直观：通过"镜子"（当别人看到我时，他看到了什么），将它想成像别人看待自己

---

① 玛德琳蛋糕是普鲁斯特在《追忆似水年华》中童年记忆的承载物。——编者注

那样去看待自己。但注意，不要把这与"在镜子中看到自己"，即自我膨胀和沽名钓誉相混淆；而应该是自身被其他自我（包括或大部分时间是"本身"）通过一些交互界面观察"观察本身这件事"。在儿童成长过程中，凝视阶段被理论化为一种完全健康的正常时期。正是在这个过程中，儿童通过扮演，比如一把椅子（这把椅子怎么看我）或是索性以他人的角度来想象其他人会怎样看待他 / 她。

智能前沿

数字化凝视正是由这种现象转化成信息圈的例子。自我通过借助信息与通信技术，尝试像其他人看待自己那样去看待自我，信息与通信技术则能够协调"凝视"的经验。最后，自我会利用其他人对自己看法的数字化结果来构建一个虚假的身份认同，并希望通过这个身份认同来掌握其自身的个人身份认同（问题从"我对你来说意味着什么"变成了"我在网上的身份是什么"）。通过调整和修正来实现线上自我和线下自我之间的网络平衡，这可能是一个不断循环的信息反馈机制。观察的过程通常是隐秘的且必定是不张扬的。但从它最基本的本质来看，"数字化凝视"应该被看成对观察的假定常识，即当我知道你已经知道我知道这个事实时，会发生什么？你就是这样看待我的，并且它应该被看成一个人经验，仍然是"我"对自身的看法，即使我试图确保这种看法尽量与你对我的看法趋近。

对"凝视"的数字化解释对于自我身份认同有着重要的影响。

首先，"凝视"经验有扩大、延后（在年龄方面）和延长（在持续时间方面）这三方面的内容。这意味着改变受制于自我的自我本性凝视倾向，变成了线上经历的长期特征。过于敏感的自我从来不会停止试图去了解别人是怎么看待他的。

其次，通过数字化凝视，自我可以从第三人的角度观察自我的代理来形成对

自我的看法，但是这个代理却受限于数字媒介的性质，它只能提供部分或是具体的反馈，这与你在照镜子时因受限于镜子是扭曲的，从而发现你照出来的影像也是扭曲的是一样的道理。

再次，信息与通信技术越强大、越有吸引力、越有效，数字化凝视越有魅力：一个人可能会迷失在别人形成的关于他自己的信息圈中。

最后，数字化凝视的经验可能始于自我借由一些媒介形成的健康且任性的接触和探索，但是社会压力可能会造成消极影响，这些消极影响会对一个人自我身份认同的建立过程带来一些外在的奇怪原则，这些强加给它们的原则又会促使其修正自我的身份认同。例如，如果你认为我是以一种你不喜欢的方式看待你，那你就可能被诱导着去调整和改变自我，直到你认为我终于以一种你喜欢的方式看待你。而这或许是不健康的。

透明身体与共享身体，医疗的未来

药剂师郝麦是福楼拜的小说《包法利夫人》中比较不受欢迎的角色之一。这位虚假的药剂师假装跟爱玛的丈夫夏尔·包法利建立了深厚的友情。而事实上，他经常损害他病人的名声，这直接导致了夏尔的破产。郝麦并不是个十足的坏人，他是一个精明人，以前曾因无照开药而被判过刑。所以他担心夏尔会因为自己继续在他的药店从事个人健康咨询等违法行为而向当局揭发他，这也是合情合理的。这位药剂师狡猾的计谋取得了极大成功一点儿也并不令人吃惊。那是一个铁匠和理发师可以经常冒充牙医和外科医生的年代（毕竟，夏尔本人也不是医生，他只是一个"健康官员")。患者和医生必须面对面地交流。获取健康信息的渠道也只有一小部分人才有。当然，也可以写信或发电报，但是这两种方式都不能保证实时沟通。

《包法利夫人》于1856年开始在《巴黎评论》上连载，这一年正好比亚历山大·贝尔（Alexander Bell）因发明电话而被美国专利与商标局授予专利奖早了20年。各种各样的信息与通信技术使快速沟通和即时回复成为可能，"随叫随到"衍生出了新的含义，远程医疗也随之诞生，遍布世界各地的"郝麦"们则发现谋生越来越难。基于医药和健康的信息与通信技术的成功背后有两个现象、三个趋势，它们与个体的去物理化和典型化是一以贯之的，我们在第2章已经谈到过这两个方面。

第一个现象可以被称作"透明身体"（the transparent body）。信息与通信技术能够使我们每天都能对自己的身体进行测量、模仿、刺激、检测，并以比从前更深入、更准确、更温和的方式对它进行管理。所以它们对于预防和治疗种类越来越多的疾病起着至关重要的作用。可以预料，全球消费性医疗设备的收入在未来几年会保持稳定增长，如图3-1所示。

"透明身体"现象不仅仅与疾病有关，整体上也与幸福感有关。根据朱尼珀研究公司（Juniper Research）的一项报告显示，智能可穿戴设备的全球市场收入将从2013年的14亿美元增长到2018年的19亿美元，智能可穿戴设备将对我们的运动和健康水平进行监测，并给出新的训练计划。你是选择阿迪达斯的Micoach、耐克的Fuelband、摩托罗拉的Motoactv还是其他类似的产品，将对健康相关的行业产生重大影响。这可能会被看作一场竞争，各家公司为了使我们的身体更加健康、对我们的身体状况了如指掌，使尽浑身解数。信息与通信技术使

我们能更容易地了解自己的身体状况，并扩大了是否从我们身体内部进行互动的范围（纳米技术）；从 X 光到功能性核磁共振成像（fMRI），它使得身体和环境之间的界限大大缩小了。我们很快从不可见的"黑盒"走向可见的"白盒"，而我们可以通过"白盒"看到"透明身体"。

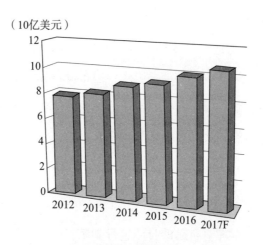

图 3-1　全球消费性医疗设备收入及预测

第二个现象，我们称之为"共享身体"（the shared body）。现在，我们可以更容易地将"我"的身体看作身体的一种类型，因此从"我的健康状况"转化成"我跟其他人分享的健康状况"也就变得更加便捷。人们越来越自然地不仅将自己看作信息的来源（你告诉医生的内容）和信息的拥有者（你的健康档案），还将自己看成是一个传输 DNA 信息及先辈和后辈之间生物学特征的通道（你就是你父母和你子女之间的生物桥）。现如今，做一个快速基因检测项目只要 99 美元就可以了。

"共享身体"的一些明显优势包括：更少的孤独感、更多的希望、最佳实践方法的便捷传播、更多的预防、更好的规划方案。还有一个需要认真对待的风险因素是"这件事每个人都做过"，我们会发现人数上的普遍性，对不健康的选择或习惯从医药治疗转变为社会接纳。如果我加入一个宣扬咬指甲的团体，最终我就会认为这不是一种需要治疗的神经性控制失常。有意思的是，这些现象也适用于我们前面提到的"超级意识"问题（谁的身份认同？）、信息隐私权问题（谁的信息？我将在第 5 章讨论），以及授权的可能性问题（谁的选择权？我将在第 6 章和第 7 章中分析）。

"透明身体"和"共享身体"在 3 个主要趋势上是正相关的，即健康信息的平民化、对与健康有关的信息的利用率的提高，以及健康环境的社会化。 这里的平民化意味着信息越来越多，人们可以获得的信息也越来越多，并且信息被不断增加的人们所拥有。但是，病人们不仅仅渴望知道更多的医疗信息，他们也是数量巨大的健康类产品的积极生产者和分享者。共享自助医疗信息已经成为一种重要的带有全球化影响的现象。更深远的影响是，我们正见证着前所未有的健康环境社会化现象。我已经提到一个重大的风险，但也不能忽视其同等重要的优点。比如，你只要在 YouTube 上查看"multiple sclerosis"（多发性硬化症），你就会知道信息与通信技术是怎样轻易塑造并转变了我们在一个由病人和护工组成的社区中的归属感，以及这种归属感的重要性。

鉴于上述分析，你很容易就能明白在 2001 年英国发表的《肯尼迪报告》（*Kennedy Report*）中会有如下声明的原因。

> 所有的健康医疗都是由信息驱动的，所以与信息不完善相关的威胁是医疗服务质量和国民健康服务（NHS）管理的直接风险。

预计到 2018 年，全球人口中 65 岁以上的老人人口数量会超过 5 岁以下的幼

儿人口数量，这在人类历史上还是首次（见图 3-2）。

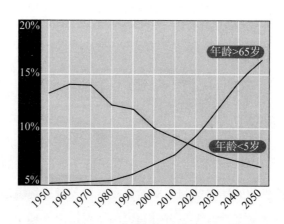

图 3-2　老龄化社会的到来

随着年龄越来越大，我们变得更有学识、更富裕，电子医疗将日益常态化和日常化，也会成为未来医疗护理的支柱之一。显然这是一个蕴含着数万亿美元市场潜力的新领域，我们中的一些人必然会参与其中。你的收件箱中很可能满是令人生疑的医疗建议和药品说明书。这当然又会使我们想起郝麦医生的时代。爱玛曾向他讨教怎样获得用来自杀的砒霜。在爱玛极大的痛苦中，她丈夫绝望地"翻查着他的医学辞典，尽管他读不懂"。然而现在，你只需借助维基百科，输入"arsenic poisoning"（砒霜中毒），网络很快就会帮你查到如何诊断和治疗。

什么才是教育真正需要解决的

本章我要谈到的最后一个话题需要占用更多篇幅。可以说，没有什么事物比彼此间的互相交流对我们的影响更大了，尤其是当这些交流具有教育的功能时。这种想法并不新奇。新情况是，当教育性的交流发生在超历史时代（即线上生活）时，我们所面临的挑战。

历史上或许曾有一些将"有教养""有文化"和"有学识"当作同义词的时代，我们可能会想到古希腊历史学家修昔底德（Thucydides）、西塞罗（Cicero）的时代。几位小说家简·奥斯汀（Jane Austen）、亨利·詹姆斯（Henry James，哲学家威廉·詹姆斯的弟弟）、伊迪丝·华顿（Edith Wharton）小说中的一些角色，似乎都对这三者之间的差异并没有什么描写。然而现在，这三者之间的意义毫无重叠。"有教养"指的是一个人的行为和举止方式；"有文化"指的是一个人在艺术、文学和其他精神追求方面有相应的资格；"有学识"指的是一个人顺利完成了小学、初中或更高层级的学习和训练。一个人可能属于以上三种人中的任何一种（而不是其他两种）。

全球化对这种差异化作出了很大的贡献，即使这种差异化向两个相反的方向发展，即本地化和全球化。思想家米歇尔·德·蒙田（Michel de Montaigne）已经对"有教养"和"有文化"作了本地化的解读。不同的是，现在的我们已经认识到，当我们优先对待一种"本地化解读"而忽略其他时，这会不断增加不公平性，不管这种本地化解读是里约热内卢、新德里、北京还是东京。我们知道，要不要脱鞋子取决于我们处在什么场合、我们拜访的对象是谁，这是一个有关教养的问题。即使爱丽丝不知道波萨诺瓦音乐、印度古典舞蹈萨特里亚舞、中国川剧或日本能乐，我们也会认为爱丽丝可能是有文化的。然而教育却和这些没有任何关联。义务教育、教学的学院化、统一的教育原则以及就业市场的全球化，在很久以前就开始使教育从家庭教育中分离出来。如今，无论是航空电子工程师、研究墨西哥文学的学者、发展心理学家或是宏观经济学家，我们都可以用全球性的国际标准来评价他们。

信息与通信技术更加深层次地扩大和加速了上述两个趋势的发展。它们使我们彼此的接触越多，就越加意识到"有教养"和"有文化"是一件相对的事。信息圈有很多节点，却没有一个终极的中心，所以一个人要么很有教养，要么很没有教养。但是，通过在全球范围内分享我们的需求和期待，信息与通信技术可以使我们获得类似的一套教育标准。在信息圈中，"变得有文化"正不断地变成一种去地方化的、统一的和全球性的现象。从下面的内容来看，这并不是一件相对的事，而是一件有关联的事。

教育在很大程度上涉及知识的转化和知识的积累。知识的建立是广泛的，有质疑的知识不仅包括对事实和公式的批判性积累，也包括对于价值观、生活方式、传统、能力以及技能等的理解和欣赏。在任何一者中，教育都不可避免地与其他事物联系在一起。所传播的知识可能是有关一个地方或是一个习惯，这个是或不是这件事，为什么它是或不是这件事，以及它是怎么运作的。"有学识的人"和"传播的知识"这两者之间的关系的可靠性，最终是通过寻求事实和产生事实的特征来验证的。不论爱丽丝生活在什么时代、什么地方，只要她没有去过洛杉矶或者她把洛杉矶想成是一个意大利的小乡村，我们就不能说她知道洛杉矶；我们也不能说爱丽丝知道地球是圆的；如果爱丽丝在她一生中没有驾过一次车，我们也不能说她知道怎么开车。

当然，中国教的历史和地理与日本和韩国教的历史和地理可能会完全不一样，美国教的生物课程跟欧洲教的生物课程也可能没有可比性。因此爱丽丝和鲍勃可能是以完全不同的方式接受教育，即指的是他们成长的环境。然而，这并不是问题的关键。关键是要认真区分对"有教养"的期待和对"有学识"的期待，否则对受教育的期待就会成为绝对的。这就是要对不同国家的学生在学业上的成功进行比较，而不对各国的文化复杂程度、世界各地大学的质量及其学生的文明细化程度进行比较的原因。

由于教育是与知识成对出现的，所以当后者发生改变时，前者也会作出相应改变。现如今，信息社会已经见证了知识在人类历史中的快速发展。这种发展在范围和速度方面既有数量的增长又有质量的增长。在第1章中，我们已经看到了可利用数据快速增长的一些证据。毫不意外的是，传播内容的快速增长给我们获取知识和组织教育系统的方式带来了重大危机。一个普遍的流行反应是，试图将信息与通信技术从问题的一部分转换成解决方案的一部分。这种做法虽然很有价值，但是也颇容易让人分心。**教育在超历史时代需面对的不断增加的真正挑战是课程所教的内容而不是教学的方式。**

怎样做很简单，不是因为简单可行，而是因为它易于理解。如今在教室中采用数字化教学手段已不是什么新鲜事。图灵诞生百年后，很多大学争先恐后地将课程放到网上，远程教育市场也异常火爆。当远程教育不再是一种无人教学方式或仅仅是一种廉价的外包时，远程教育的好处可谓不胜枚举。正如其支持者义正词严的声明那样，远程教育在网上形成了教育信息的强大资料库，数以百万计的人可以在这里找到资料，而且这个资料库的内容还在不断增加。信息与通信技术也可能会给处于不利环境中的人提供一定程度上的教育定制服务，即个性化的个人学习经历。但是，所有这些都要涉及传播政策和方式、技巧和技术等方面的问题。如果把它们看作一种教育Z世代和Z世代以后的人的一种方法，那么我们就相当于错把止痛药当作治病的方法了。真正的病因不是怎样教。20 世纪 80 年代末以来，我们对 MOOs（以文本为基础的在线虚拟现实系统，能使多名用户在同一时间进行连接）、文学超文本、手套 - 护目镜类虚拟现实、HyperCard、Second Life 和现在的 MOOCs（大型开放式网络课程）产生了极大的热情。随之而来的必定会是更多的技术潮流及其缩写词。然而，真正的挑战还是所要教的内容。

超历史时代，我们对有关教育内容的问题并没有固定清晰的答案。这不仅是因为我们从未经历过那样的状况；而且因为像过去一样，答案还取决于如何回答另一个问题，即教育的目的是什么？尽管如此，一些顾虑可能会限制解决方案的空间。下面我用一个简单的例子来解释这点。

假设爱丽丝正在玩电脑游戏。有一些东西是她知道的，比如有一只隐藏的怪兽，这是她的知识。有一些东西是爱丽丝知道她不知道的，比如这只怪兽藏在哪里，这也正是她为什么要找到它的原因，这是爱丽丝缺乏的知识，简言之即爱丽丝的愚蠢。还有一些东西是爱丽丝不确定知不知道的，比如她的武器是否强大到足以杀死怪兽，这就是她为什么想要获得更多武器的原因，这是她的不确定。最后，还有一些是爱丽丝根本不知道她不知道的事物，比如还有一把有魔力的宝剑能够杀死怪兽，这就是她的无知了。我们可以将这个例子翻译成信息化的术语，即：

1. 知识（knowledge）：爱丽丝拥有的信息（有一只怪兽）。
2. 愚蠢（insipience）：爱丽丝意识到的自己缺失的东西（怪兽藏在哪里）。
3. 不确定（uncertainty）：爱丽丝不确定的信息（我的武器是否能够杀死怪兽）。
4. 无知（ignorance）：爱丽丝没有意识到的自己没有的东西（除非爱丽丝知道自己没有意识到还有一把魔力宝剑的存在）。

教育的通常目的是增加知识，并减少后面三者即愚蠢、不确定和无知。

第 1 项——知识。在一个充满可轻易获得的信息、廉价的信息与通信技术、充足的知识型劳动力的世界里，增加基本知识将变得更加容易，因此 MOOCs 的成功是建立在互动参与和开放的网页权限这一基础上的。关于知识的教育问题，新信息总是在用于解决旧环境中的问题时才能变得更有意义和实用，也只有这样，新信息才能得到恰如其分的使用。因此，我们必须明白自己需要掌握多少背景信息、哪种类型的背景信息或事物，必要时甚至可以在维基百科上查一查这些内容，而这些也正是爱丽丝要想变得有学识所而需要获得的东西。

第 2 项——愚蠢。教育应该教会我们知识的有限性、哪些知识我们只不具备但是需要获得，以及我们提出问题的能力，即要问对的问题。我们都很愚蠢，但是我们应对这种愚蠢的方式将使我们和其他人区分开来。所以，关于第 2 项的教育问题变成了应该教会爱丽丝意识到她有哪些知识是不知道的。

第 3 项——不确定。教育应该教会我们对自己认为知道的知识保持谨慎，从而形成对于看起来确定的事物的质疑和批判态度。我们都很容易犯错误，但我们处理所犯错误的方式决定了我们与其他人的区别。因此，关于第 3 项的教育问题变成了应该教会爱丽丝哪些是不确定的。

第 4 项——无知。这是一个内在性问题，因此只能拿它来描述爱丽丝本人。如果爱丽丝知道她自己不知道缺失了什么东西，她就会被描述成是愚蠢的或是不确定的，而不是无知的。现在，设想我们可以拍一下爱丽丝，告诉她这儿还有一把魔力宝剑，而她把这个信息漏掉了，那么我们就能帮助爱丽丝消除无知的情况。这也正是跨越地理边界和学术边界的更加全球化的远程教育可以做到的。它虽然不能消除人类的

无知，但是却可以将一些"志同道合"的人集中到一起，即使我们作为人类并不知道这种"志同道合"的具体界限在哪里。下面就让我用同一个例子来解释这一点。

假设鲍勃知道他自己不知道魔力宝剑在哪儿，并且假设他甚至不知道自己缺失了这附近有怪兽的信息。如果爱丽丝和鲍勃彼此分享了他们的愚蠢，那么就能减少他们的无知：他们就会知道他们既不知道怪兽在哪儿，又不知道魔力宝剑在哪儿。这听起来很滑稽，但这是一个伟大的进步。即使外在的无知还是一样（爱丽丝和鲍勃作为一个团队仍旧不知道他们缺失了什么，假设他们两人都不知道还有一位友善的好巫师存在），但内在性无知减少了。

到目前为止我所谈到的这些内容中，事实和技能之间的矛盾还是存在的。是告诉爱丽丝怪兽有 7 个头，每个头都要一个一个按顺序砍掉才能杀死怪兽重要，还是教给爱丽丝怎样砍掉这些头更重要呢？你马上就明白了一分为二的事实与技能令人产生误解的本质。爱丽丝需要知道这两种类型的知识，否则她是赢不了这场游戏的。

然而现在充斥着太多信息，并且似乎产生了一种趋势：知道"怎么做"比"知道这个事实"更重要。这种想法是颇为愚蠢的，特别是当回想起我们在前面强调过的背景信息的重要性时。在优先对待"怎么做"的原则下，如果我们只提倡使用者和消费者的文化，却不提倡设计者和生产者的文化，那么它将是十分误导人的。

信息社会是一个新型制造社会，在其中，信息既是我们生产所利用的原材料，也是供我们消费的制成品。在这样一个社会中，当涉及技能时，我们确实需要把更多的重心放在所谓的"制作者知识"上，这种知识被那些知道怎样设计和制造产品的人，即那些知道怎样创造、设计和转换信息的人所享有。但是说起来容易做起来难，因为重视和尊重"知识"（科学和"知道这个事实"）在我们的文化中根深蒂固，而"技术"（技术和"知道怎样做"）则在希腊文化背景中处于次要地位。想想职业技能及培训在我们的社会中是怎样被评价的。跟我们刚刚描述的爱丽丝和怪兽的例子一样，这是一种错误的两分法。这也是一个很好的只看错误一面的例子。还是用前面的例子来说明，知识的游戏包括了玩家、旁观者和游戏设计者。基于事实的教育和基于技能的教育是玩家的策略，它们都将爱丽丝看作使用者，而不是信息的生产者。风险在于制造了"奢华盒子"的反应，其中旁观者不用实际参与就享受了知识游戏，这在以前被叫作象牙塔。而教育真正重要的部分发生在游戏设计者层面。

我们需要教会"使用者"爱丽丝怎样成功地玩这个"知识"游戏，教会"知识分子"爱丽丝怎样批判地观察和学习这个游戏，教会"设计师"爱丽丝怎样设计出合适的游戏。所以，现在问题变成了：我们应该优先对待哪种能力并把它们教给未来的信息管理者、生产者和设计者？对于我来说答案是显而易见的：信息被创造、使用、获得和消费时用的那种语言。我并不只是指母语，还指教育中任何最基本、最必要的内容，这些都必须要熟练掌握；也指英语（或任何一门在未来将成为国际交流媒介的语言）、数学、编程、音乐、制图，以及所有那些爱丽丝和新生代的人们在人生早期阶段需要掌握的语言。通过对这些信息的熟练掌握，他们将能够批判性地理解所获得的信息，创造和设计出新的语言并与其他人共享。

信息与通信技术使信息得以出现，它的作用是巨大的；在获得信息方面，它的作用次之；在使信息变得可用方面，它的作用又次之。试试在维基百科上读一

条科学条目，如果你不能使用正确的语言，那么有可能你大部分内容都读不懂。存储更多的信息、提供更方便的信息获得途径是信息服务提供者所要解决的问题。但是，在使信息得以出现的初期，信息的生产和设计，以及在最终获得信息后对信息的使用和理解等所涉及的问题，则是爱丽丝的教育需要解决的。我们最好在很小的时候就开始学习各种语言，语言的精通并不是指记得多少事实和技能有多么熟练，而是指一种精雕细琢的能力。爱丽丝需要尽早地学习信息语言。

智能新趋势

How
the Infosphere Is
Reshaping
Human Reality

人类，还是宇宙间独一无二的存在吗

　　在本章和前面两章中，我大致描述了信息与通信技术给我们的历史（超历史）、我们的环境（信息圈）和我们自身（线上生活体验）的发展所带来的一些重要转变。这些转变的根源是，我们的观点经历了深刻的哲学性改变，它们不仅与我们自身的特殊地位有关，也关乎我们在宇宙中的角色。这正是自我认识的第四次革命。

4TH

THE

REVOLUTION

04

自我认知

| 图灵革命，第四次革命 |

人类经历了前三次革命——哥白尼革命、达尔文革命、神经科学革命，人类在宇宙中的特殊地位受到了威胁。而现在，第四次革命的种子已经播下。人类已不再是信息圈毋庸置疑的主宰，数字设备开始代替我们执行越来越多的原本需要人的思想来解决的任务。

人类自我认知的前三次革命

科学在两个基本方面改变了我们的认识：一个方面是"向外的"，即对世界的认识；另一个方面是"向内的"，即对自我的认识。过去的三次科学革命无论是对外的还是对内的方面都有着重大的影响。在改变我们对外部世界的认识的同时，它们也修正了"我是谁"，即自我认识的概念。

过去，我们习惯于认为人类被上帝所眷顾，造物主将我们妥善地安置在宇宙的中心。这种思想曾一度颇为深入人心。1543 年，哥白尼发表了关于星体围绕太阳旋转的著作：《天体运行论》（*On the Revolution of Celestial Bodies*）。也许哥白尼并无意发起一场关于人类自我认识的革命，但是他的日心说不仅永远取代了地心说，而且使人类开始重新认真思考自己的位置及角色。日心说对人类的宇宙观产生了如此重大的影响，以至于我们开始将重大的科学变化与"revolution"一词联系起来，"revolution"一词也就有了"革变、变革"的意义。

自日心说（也可以称之为哥白尼革命）诞生以来，我们就深受其影响。确实，这一学说意味着任何一项空间探索的重大成果都会从外部极大地影响人类的境

况。这些发现让我们能够从太空将地球看成是一个渺小而脆弱的星体。当然，这种可能必须感谢信息与通信技术，图 4-1 极有可能是人类从太空拍摄到的地球的第一张照片，由美国"探险者 6 号"卫星在 1959 年 8 月 14 日拍摄。这张照片展示了太平洋中心地带的阳光照射区及其云量。当卫星飞越墨西哥上空时，这些信号被发送到了位于南角（South Point）的夏威夷追踪站。

图 4-1　人类从太空拍摄到的地球的第一张照片

在哥白尼革命之后，地球虽然失去了宇宙中心的荣耀，但人类仍认为自己是地球的主宰。然而，达尔文于 1859 年发表的《物种起源》一书带来了第二次革命。达尔文在他的著作中认为，所有生物都来自共同的祖先，并在自然的选择下不断进化。这一次，"evolution"一词被赋予了新的含义："进化"。

达尔文的进化论证明了人类并不是万物之灵。与当初的哥白尼革命一样，很多人对此感到恐惧。确实，至今仍有一些人抵制这一学说，尤其是在宗教领域。但大多数人已经继续前进，即便有些人用"我在自己的精神世界里依然保有中心地位"来安慰自己。

即使人类不再处于宇宙的中心，不再是万物之灵，至少我们还是自己精神世界的主人，一个能够完全掌控自我思维的物种。"我们是意识领域的中心"这一观点可以追溯到笛卡儿的著作，他的名言"我思故我在"可以解释成：人类在宇宙中的特殊地位不仅仅体现在天文学与生物学上，更体现在人类的精神上，因为人类具备有意识地自我反省的能力和自我控制的能力。笛卡儿的学说使我们得以在哥白尼与达尔文的思想的冲击下稍事喘息。我们可以自夸自己还能掌握对思想与激情、情感与信仰等心理内容的绝对控制权。在心理学家看来，内省也仍然是一个探索内心世界的好方法。例如，美国著名心理学家威廉·詹姆斯就把内省当成是一种可靠而科学的方法论。从当时的观点看，我们的大脑就像是一个魔盒，而内省则是打开这个魔盒的钥匙。

但弗洛伊德的精神分析著作彻底粉碎了这一假象，并带来了第三次革命。他证明了人类的大脑是无意识的，并且屈从于抑郁等心理防卫机制。今天，我们已经承认自己的很多行为都是无意识的，而大脑则常常会虚构出一些原因来解释这些行为。我们知道自己无法像检查硬盘一样查阅大脑里的内容；人们已经不再觉得自己拥有纯粹且清晰的意识，而是承认我们的意识是不清晰的。

当然，对于精神分析到底是不是一种科学方法至今仍有争议。但不得不承认，从人文角度来说，弗洛伊德对笛卡儿理论的颠覆具有一定的贡献。"意识"一词的含义自弗洛伊德之后被彻底改变了，但我们仍更多地认为他是一位哲学家，而不是科学家。相对于精神分析来说，你也许更愿意使用当代神经科学这

门学科来表示这一革命性的科学突破。不过重要的是，今天的我们已经愿意承认自己并不是亘古不变地处于宇宙的中心（哥白尼革命），愿意承认人类是自然万物中不可分割的一分子（达尔文革命），愿意承认我们不能做到笛卡儿所说的对意识的绝对控制（弗洛伊德学说或神经科学革命）。

也许有人会质疑从自我认识的角度来解读这三次革命是否有意义。毕竟，正是弗洛伊德本人首次将这看成是逐步重新评价人性的单一过程的一部分。也许他的这一论述有些自大，但他的推理思路却无疑是可信的。这一推理对我们理解当今的图灵革命不无裨益。今天，我们的生活正在发生着重大而深刻的变化，我们声称自己的直觉是有洞察力的，因为我们正在经历着第四次革命。在这次革命中，我们在宇宙中所扮演的角色将会得到重新定位。

图灵革命，第四次革命

三次革命过后，还有什么是值得人类沾沾自喜的吗？法国哲学家、神学家布莱士·帕斯卡（Blaise Pascal）曾有一个富有诗意的提议。在一篇著名的论述中，他这样写道：

> 人不过是一棵芦苇，是自然界最脆弱的东西。然而，这是一棵会思考的芦苇。用不着整个宇宙都拿起武器来才能毁灭，一口气、一滴水就足以致他于死命了。然而，纵使宇宙毁灭了他，人却仍然要比致他于死命的东西更高贵得多：因为他知道自己终要死亡以及宇宙对他所具有的优势，而宇宙对此却一无所知。因而，我们全部的尊严就在于思考。正是由于思考而不是由于我们所无法填充的空间和时间，我们才必须提高自己。

几个世纪以后，我们之前所经历过的三次革命仍丝毫不能撼动对帕斯卡的"思考的尊严"。人们仍可以坚持一个观点，那就是，人类在宇宙中的特殊地位并不仅仅体现在天文学、生物学和清晰的意识上，更体现在高级的思考能力上。这似乎是维护人类在宇宙中之优越性的一道底线。虽然从古至今"智能"一词的含义都非常模糊，甚至难以对它下定义，但是我们依然自信地球上没有什么物种比人类更聪明。只要是和智力思考有关的任务，人类就难逢敌手。我们非常肯定地认为动物是愚蠢的，而人类是聪明的。人类坚信自己在信息圈中的中心地位，而不顾及地球上所有其他生物的位置。

颇有讽刺意义的是，这条岌岌可危的底线却在帕斯卡的"帮助"下被渐渐粉碎。1645 年，帕斯卡发表了一篇写给法国首席大法官皮埃尔·塞吉埃（Pierre Séguier）的简短献词。帕斯卡的这篇献词被命名为《算术机器》（*Arithmetical Machine*），里面介绍了一种新的计算设备。

> 亲爱的读者，我想用这封信向大家展示我所发明的一个小机器。通过一些你可以掌握的简单技巧，就可以毫无障碍地使用它做任何数学运算。相对于使用计号或者笔，这台机器会更好地帮助到你，使你从那些费神的工作中解脱出来。

帕斯卡的父亲是鲁昂市（Rouen）的税务监督官，帕斯卡为了帮父亲减轻工作中令人疲惫的计算任务而设计出了这部机器。得益于一些巧妙的规则[①]，这个设备可以很好地进行四则运算。今天，我们把这个设备称作"Pascalina"，它成

---

① 这台机器可以做加法；减法通过使用补足技术来执行，被减数首先被转化为其补足数，再将补足数加到第一个数字上；乘除法通过执行一系列加减法来实现。有趣的是，计算机也应用了相似的补足技术。

了 17 世纪唯一的机械计算器。这台机器是成功的，我们今天仍在使用十进制。它不仅对计算器的发展有着重大影响，同时还影响了德国一位伟大的数学家、哲学家——戈特弗里德·莱布尼茨（Gottfried Leibniz）。莱布尼茨是现代二进制体系的创始人，被公认为是第一位电脑科学家和信息理论家。

也许是因为帕斯卡是一位虔诚的宗教徒，他并没能看出"我们全部的尊严就在于思考"与他的机器的计算能力之间的不一致性。他只知道 Pascalina 为他父亲提供了便利。填补这一联系的光荣任务，落在了另一位哲学家的肩上。

在帕斯卡发表献词 6 年后的 1651 年，托马斯·霍布斯（Thomas Hobbes），有史以来最富影响力的政治思想家之一，发表了他的著作《利维坦》（*Leviathan or The Matter, Forme and Power of a Common Wealth Ecclesiasticall and Civil*）。这并不是一本你能指望从中发现现代信息社会影子的书，但是在该书第 5 章中，一个开创性的思想首次出现在人类文明中。

> 从这个层面来说，"推理"只不过是"计算"，也就是对我们大脑中的一些符号与表达的结果进行加加减减。当我们独立计算时，称其为"符号"；当我们向他人展示与证明我们的计算时，则称其为"表达"。

思考即推理，推理即计算，而 Pascalina 就已经可以计算了。**第四次革命的种子已经播下。后来几代的 Pascalina 不仅可以让人类从费神的工作中解脱出来，甚至会让人类失去信息圈中唯一智慧智能体的中心地位。**

但帕斯卡也有疏忽，他并没有考虑到我们能制造出在处理信息的速度上超越人脑的自动化机器，因而在需要处理信息来完成工作的时候，机器表现得比人更为出色。这一疏忽直到"第四次革命之父"艾伦·图灵的作品中才得以纠正。

图灵使我们认识到，人类在逻辑推理、信息处理和智能行为领域的主导地位已不复存在，人类已不再是信息圈毋庸置疑的主宰，数字设备代替人类执行了越来越多的原本需要人的思想来解决的任务，而这使得人类被迫一再地抛弃一个又一个人类自认为独一无二的地位。"Computer"一词的历史演化就能说明一二。在 17 世纪早期至 19 世纪期间，由于除了人以外没有别的事物可以自己做计算，所以"computer"这个词也就等同于"从事运算工作的人"。比如在 1890 年，美国公务员考试中针对"computer"这一职位，设立了"拼写、书法、抄录、书信写作、代数、几何、对数函数和三角函数"等多个测试项目。但这仍是霍布斯将思想演化为具体能力的想法。直到图灵发表他的经典论文《计算机器与智能》（*Computing Machinery and Intelligence*），他不得不承认：由于到 1950 年"computer"一词已不再专指从事运算工作的人，所以当他谈及这类人时，用了"human computer"来避免歧义。而在图灵之后，"computer"一词就完全失去了它形容人的意义，取而代之的是一种多用途的、程序化的机器，现在我们将其称为"图灵机"。

4TH THE REVOLUTION 智能前沿

与之前的三次革命类似，第四次革命消除了人类关于自己独一无二地位的错误观念，进而提供了从观念上修正自我认识的方法。图灵机逐渐使我们认识到人类既不是牛顿的信奉者，也不是单独存在的智能体，更不必是岛上的"鲁滨逊"。反之，我们是信息有机体（informational organisms，简称 inforgs，即信息体），在信息圈内纷繁交织，与其他可以逻辑化和自动化进行信息处理的信息智能体共享自然和人工领域内的成就。在第 6 章中我们将会看到，这些智能体尽管不如人类聪明，但它们却可以轻而易举地超越我们，并且承担越来越多的任务。

在图灵开创性的研究之后，计算机科学和相关的信息与通信技术在人们认识上产生了内外两种影响，它们为我们认识自然、虚拟现实和作用于它们之上的工程力量提供了前所未有的科学视角，同时使我们对"我们是谁""我们怎样和世界联系与互相联系"以及"我们怎样想象自己"产生了新思路。

我们就是信息体

我在前文曾提到，我们可能是经历过线上虚拟环境与线下现实生活明显差异的最后一代，一些人在网络上消耗了他们的大多数时间，一些社会也已经进入了超历史时代。如果你的信息数据都存放在家里，那么你可能已经住在"谷歌地球"和"云端"之上了。这种人造的、混合的多信息智能体，也就是一些半虚拟的、半人工的机构（比如，我们可以试想一家银行）。它们已经在数字空间中扮演着数字智能体的角色。而且由于它们之间有着相同的本质，这些数字智能体可以在数字空间中运作时有更高的自由度，并受到很好的约束。**我们越来越多地将自己的记忆、决定、日常安排和其他活动，以一种与我们不断融合的方式，委派或外包给这些数字信息智能体去打理。由于第四次革命，这一切都会变得司空见惯，人类独一无二的地位将被取代也是如此。**然而，当谈论信息体时，这并不是我所想指出的，我想指出的是第四次革命将引导我们去思考自己未来可能会是什么样子。实际上，至少有三点潜在的误解我想指出来。

首先，从悲观的角度看，第四次革命使人类丧失了"独一无二性"（人类不再是信息圈的中心）；但从积极层面上看，人类通过新方式认识到了自己就是信息体。注意，不要把第四次革命和半机械人相互混淆，那是科幻片中的情节。

戴着蓝牙无线耳机到处走似乎并不是第四次革命最好的表现方式，不仅因为它与人的作息（人不可能每时每刻都在通话）相冲突，还因为它传递出了一种信息：一周 7 天、一天 24 小时地通话是一种变相的奴役，如果一个人这么忙碌和重要，他最好还是找个私人助理。类似的推理也适用于其他可穿戴设备，比如谷歌眼镜。人们不愿意接受这样一种将人变成半机械人的事实，除非是出于某些不可避免的原因，否则人们还是会试图避免这种行为。如果你还不是很清楚这一点，不妨再举个例子，考虑到目前淘汰屏幕改而支持身体投影的趋势，你可以通过手掌上的虚拟键盘拨打电话，这一设想已经在现实中得到了实现，但这并不是我所指的信息体的发展所要强调的。设想一下打电话不必拨电话号码只需发出发声音即可，因为你的电话"懂"你。你和你的电话作为两种信息智能体共享同一个环境。

其次，当将我们自身解释为信息体时，我并不是指将"脑力外包"并使之与日常技术相结合这类广泛的现象。当然，颇为有趣的一点是，我们在完成日常任务时正越来越依赖于各式各样的设备。然而，通过外界设备、工具和其他环境的支持，使其成为我们"延展式大脑"的组成部分的观念早已过时，因为它仍然建立在笛卡儿式智能体、独立地负责认知环境的基础之上，也即通过它"精神上的假肢"进行控制和使用，从纸、笔到智能手机，从记事簿到平板电脑，从结绳记事到计算机。

再者，我也不是指改变人类基因，这些基因承载着信息 DNA 及其在未来相应的具体表现。这种后人类主义只要清除了最具幻想和虚构的部分，就可能成为我们在未来有望见证的东西。但现在，出于技术上（安全隐患）和道德上（道德可接受度）的考虑，我们还看不到。它只是未来学派的见解。

出现在我脑海中的是一个更理性、更重要、更深刻的对于人之所以为人的观念的改变。信息与通信技术使我们变得更聪明，表现得也更好，正因如此，我们的生活环境正在被它们所改变和创造。我们开始懂得，作为信息体的我们，依靠的不是身体上的生物性改造，而是更加严谨和现实地依靠大环境的根本转变和居于其中的信息智能体的运作。在第 7 章中我们会看到，很多情况下，信息与通信技术在信息圈内已经由原来的客队角色转变为主队角色。

进阶的人工智能

第四次革命从根本上照亮了具有人文特征的信息本质。由于人类和最聪明的人工制品一同生活在这个社会中，因此可能会感到些许自卑。无论我们之前有多么骄傲，在不久的未来，无论是下棋、检查拼写、翻译文字、计算卫星轨道，还是停车、飞机着陆，都将比不上有特定功能的信息与通信技术。你甚至会无法在剪刀石头布的游戏中获胜，因为机器人的反应太快了，它能在百万分之一秒内识别你的手将要摆出的形状，并选择获胜的手势，而这一切几乎是同时完成的。如果你不知道它的原理，或许会觉得它懂读心术呢。

第四次革命也是颇具启发性的，它使我们对自己作为一种特殊信息体的认知更加深入透彻。这并不等于说我们被数字改变了自我，而一些人被邮箱、博客和网页所代表。这一点却使我们产生了信息与通信技术仅仅是一种完善了的技术，而我们仍处于信息圈中心的误解。我们的信息本质也不应该和"数据痕迹"（data shadow，指用户在上网时的种种动作所留下的各种信息痕迹）产生混淆，这种改变是较为深入的。为了理解这一点，不妨先思考一下完善技术（enhancing technologies）和增强技术（augmenting technologies）之间的区别。

手柄、开关、表盘的完善技术，比如斧头、枪和钻头，是将应用设备嵌入使用者体内的交互界面。这和机械人的想法很像。反之，增强技术的数据和控制表盘则是不同环境间的交互界面，它们一方面是人类使用者的外部环境，另一方面也是技术的环境。例如潮湿、闷热和黑暗环境下的洗碗机，或者同样潮湿、闷热环境下的洗衣机，或者静止、无菌、无皂和微弱光照环境下的电冰箱。由于这些电器的内部环境依其功能所定，所以对应的技术能够得到充分发挥。这就是我在第 7 章中分析的"设定边界"现象。现在，无论外观是什么样子的，信息与通信技术都已不仅仅是完善技术或增强技术那样，它们还创造和重建着我们所居住的整个现实生活，因此是改变世界本质的重要力量。而且，它们的交互界面还扮演着（通常是友好的）入口的角色。

想想鼠标演化的历史，就会发现我们的技术不仅需要根据环境做适当的改变，还对作为使用者的我们有某种教育意义。道格拉斯·恩格尔巴特（Douglas Engelbart），鼠标的发明者，曾经告诉我，在以前为了解放双手，鼠标会被安放在桌子底下，主要靠膝盖去操作，毕竟，那时候的人们需要依靠双手才能更方便地使用打字机。幸运的是，随着 QWERTY 键盘[①]的发明，鼠标的历史发生了巨大改变，从而解放了人们的膝盖。而今天，我们期待可以直接触摸屏幕，人机交互已成为一种双向的关系。

---

① QWERTY 键盘，以键盘第一排的前 6 个字母命名。发明于 18 世纪 70 年代早期，1878 年通过雷明顿的推广开始流行。QWERTY 键盘并不是最优的，因为它的布局遵照的是相邻按键在同时按动或快速连续按动时产生的机械干扰和阻力最小的原则。尽管如此，QWERTY 键盘的广泛使用还是使它在 1972 成了 ISO 标准。

让我们回到最初的区别：洗碗机的交互界面是它的控制面板，通过控制面板机器得以进入使用者环境；信息与通信技术的交互界面是一扇"门"，这扇"门"能使用户进入信息圈。[①]创造并打开新的空间这一根本性质，巩固了很多信息圈中的比喻说法，比如网络空间、虚拟现实、在线、冲浪、网关，等等。

我们正见证着一次划时代的、前所未有的迁徙，从牛顿的经典物理空间到作为一种新环境的信息圈，特别是，后者又在不断地吸纳前者。数字信息时代的移民，比如 X 世代和 Y 世代，将被 Z 世代这样从小生活在信息时代的人所取代，后者会觉得现实世界和信息世界没有本质区别，而只有观念上的一点改变。当这次迁徙完成时，我的猜测是，Z 世代一旦与信息圈断开，就像鱼儿脱离了水，他们将愈发感到被剥夺、被排斥，甚至会感觉到某种心理创伤。总有一天，做个信息体会变得司空见惯，任何对正常信息流的扰乱都可能会使我们生病。

---

① 远程监控或是远距离呈现的现象在许多情境下（如在手术中）并不那么关键，远程控制和交互正越来越普遍。

How
the Infosphere Is
Reshaping
Human Reality

你的"数字灵魂"值多少钱

根据第四次革命，我们将在众多物体中接受自己信息体的身份。第2章我们看到，从长远来说，去个性化（你成为"某一种"）和再定义（你是许多种中的"具体一种"）的信息体可能会被视作广告市场里可以买卖的货物，我们可能成为果戈里笔下的"死魂灵"，但我们有钱包。[①]我们的价值由我们作为顾客的购买力所决定，而后者只是一"击"之遥。这就显得非常公平：在互联网上，没有人在意你是谁，只要你的ID是那个对的购买者。

虽然没有证券交易所可供买卖这些互联网上的"死魂灵"，但却有很多像乞乞科夫一样的人愿意去购买这些信息。那么一个信息体究竟值多少钱？和平常买卖东西一样，如果你批量采购的话就可以享受折扣。那么就让我们来看看批发市场的价格。在2007年，福克斯互动传媒（FIM）与谷歌达成了一笔交易，将谷歌这个著名的搜索引擎（包括辅助的广告系统）配置到其所有的互联网站点网络中，包括在当时非常有名的MySapce，交易金额为9亿美元。当

① 《死魂灵》是俄国作家果戈里所著的经典小说，出版于1842年，以主人公乞乞科夫买卖死魂灵的故事为中心。"死魂灵"一词有双重含义。一方面，它指的是一个事实，那就是直到1861年，沙皇俄国的地主仍然拥有使用农奴耕种其土地的权利。农奴就像奴隶一样可以被买、卖或抵押，以"魂灵"来计数。"死魂灵"是指即使已经离开、但在财产登记簿上仍然会被计数的农奴。另一方面，"死魂灵"也指小说中的人物，在什么情况下他们会成为虚假的个体。

时 MySapce 中的用户画像数估计约为 1 亿份，所以每个数字魂灵的均价最多为 9 美元，但其必须是符合 MySpace.com 用户标准的高品质画像。果戈里小说中的人物梭巴凯维奇可能会这样说：

> 价格很便宜。一个流氓也许会欺骗你，把一些无用的垃圾当成魂灵卖给你。但我的魂灵就像成熟的坚果一样多汁，全都经过挑选，他们要么是手艺人，要么是健壮的农民。

在 MySpace 上，这些"成熟的坚果"才是真正有价值的东西，他们简直就是自我挑选出来的：数以千万计的受过良好教育的人，有足够的时间（不然他们也不会使用 MySpace）、生活富裕、会讲英语、有信用卡和可供邮寄的固定地址……所有这些都让广告商垂涎三尺。经过 5 年的快速发展，市场变得更大了，然而"坚果"却没有那么成熟，所以价格反而更低。

在 2012 年，Facebook 申请了高达 50 亿美元的首次公开募股。把它除以 Facebook 当时约 10 亿的用户量，那么每个数字魂灵的售价约为 5 美元。相比之前的 9 美元几乎打了 5 折，但仍然有些贵。考虑一下，根据《金融时报》的报道，在 2013 年，大多数人的信息（一个包含年龄、性别、工作经历、个人病史、信用评分、收入细节、购物历史、日常消遣、住址等信息的集合）只能卖到 1 美元一份。举个例子，收入细节和购物历史能卖到 0.001 美元一份。对于批发商来说，单条记录贬值得更加厉害。当我运行《金融时报》所提供的网络计算器时，模拟结果显示，"营销人员大约会花 0.3723 美元购买你的数据"。在 2013 年，从数字魂灵的角度来看，我的价值约是 iTunes 上一首歌价格的 1/3。因此，当 2013 年雅虎花 11 亿美元收购了 Tumblr（一家博客平台，拥有 1 亿用户，也就是每个数字魂灵值约 11 美元）时，你不难想象我有多么的惊讶。我怀疑这次收购定价过高。

从果戈里到谷歌，对如此大规模的定制化过程作出个性化的反应是很自然的，但也有些复杂。我们能够通过使用博客、Facebook、谷歌主页、YouTube 的视频和 Flickr 相册，分享食物、鞋子或宠物、爱车，分享喜欢的或者去过的地方，分享怎样度假等；给所点击的任何内容评分或者评级来构建自我品牌，以及在信息圈中重新调整自己。Second Life 是所有时尚爱好者的天堂，这一点再合理不过了。不仅仅是因为它为设计师和活跃的艺术家们提供了一个灵活的平台，而且还因为在这样一个合适的环境中，所有的数字魂灵（头像）都会强烈地感觉到一种压力，从而想去获得一种很明显的个性标记。毕竟，在自由状态下，你的头像看起来和其他人的没什么两样。Second Life 成立至今已有数年时间，但在一个如此关注隐私的社会和如 Facebook 等社交媒体网站的巨大成功之间，仍然没有出现一丝的不协调。我们使用并暴露自己的信息，让自己在信息上不再匿名和难以识别。我们希望保持高度的信息隐私，就像这样做是拯救这一宝贵资产的唯一方式。为了让自己容易被识别并可以被唯一地重新识别出来，我们会在之后公开使用这笔资产。在无数人的生命中，信息隐私从来没有扮演过如此重要的角色，这是一个在我们的时代中起着关键作用的议题。现在，是时候来看看第四次革命之后的隐私到底意味着什么了。

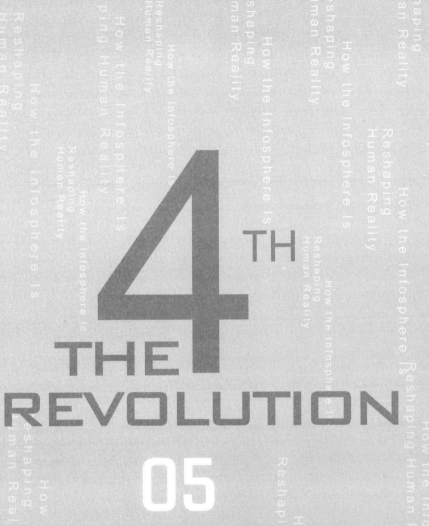

4_{TH} THE REVOLUTION

05

隐私

| 信息摩擦，你就是你的信息 |

隐私的道德问题已经成为超历史时代的关键性议题之一。匿名有可能会抵消信息摩擦减少带来的影响，然而新的信息与通信技术既可能会削弱也有可能会增强我们所享受的隐私程度。你的信息圈和你的个人身份是统一的，因此"你就是你的信息"。

我们最珍爱的财富

"你觉得有一天你可以在电话机的这头看到那头吗？"佩吉起床时问。

在弗吉尼亚·伍尔芙所著的《岁月》（*The Years*）一书余下的章节中，她并没有再提起这个问题。这本小说于 1937 年出版。仅仅一年之后，BBC 就在伦敦推出了全球首个公共电视服务节目；图灵也发表了他在计算机器方面的开创性研究成果。事情发生了戏剧性的变化。

电话这项技术更讲究实际使用而不是批判性的反思，受此影响，对于信息与通信技术将深刻而不可逆地改变未来社会这一说法，佩吉将信将疑。信息社会的基础在 19 世纪 30 年代就已经打下，想要在如此早的发展阶段完全理解人类历史上的这次重大转变确实有些困难。在今天看来，信息与通信技术的商品化始于19 世纪 70 年代，继而全球信息社会在 19 世纪 80 年代开始出现扩张，信息隐私权也因此渐渐受到挑战——至少伍尔芙时代的西方人是这样认为的。随着信息体开始栖息于信息社会，我们也开始逐渐对无处不在且无视界限的信息流习以为常。然而，就像伍尔芙 1925 年发表于《普通读者》（*The Common Reader*）上的一篇

关于蒙田的随笔中所说的："我们拥有私人生活并永远将其视为我们最珍爱的财富。"

今天，我们已经越来越依赖于佩吉口中所说的未来科技，在这样一个社会环境中，我们发现保护自己"最珍爱的财富"已经变得越来越困难。

信息隐私问题可谓迫在眉睫。它已经产生了一系列学术与科学研究，甚至有不少的政治政策和法律强制措施都在致力于解决这一问题。隐私的道德问题已经成为超历史时代的关键性议题之一。但是，翻阅近几十年来的道德哲学书籍，你却几乎找不到与之有关的内容。本章的目的不是要回顾大量与信息隐私及其法律保护有关的文献，而是倾向于将信息隐私看成是自组织的（self-constituting），并将其与前文提到的事例和想法联系起来，以作为它们的补充。总之，我们在本章中的任务是理解第四次革命之后的信息隐私问题。

别样的自由

我们通常将隐私分为四类，它们都可以被解读为免于某事的自由。下面我将简单介绍，当然，排名不分先后。第一是爱丽丝的身体隐私（physical privacy），这是她免于触觉干扰与侵犯的自由，可以通过限制他人与其身体接触或进入她的个人空间来达到。第二是爱丽丝的精神隐私（mental privacy），这是她免于精神干扰与侵犯的自由，可以通过限制他人影响或操纵她的精神世界来达到。第三是爱丽丝的自决隐私（decisional privacy），这是爱丽丝免于过程干扰与侵犯的自由，可能通过排除他人对她及其亲属所做决定的影响来达到，特别是（但不限于）同教育、医疗、事业、工作、婚姻、信仰等有关的决定。第四是爱丽丝的信息隐私（informational privacy），这是她免于信息干扰与侵犯的自由，可以通过限制她的信息泄露来达到，这些信息是未知的或是不可知的。

这四类隐私常常会被放在一起，但是我们不应该把它们相互混淆。为了便于表述，我会将它们区分开来。由于本章只讨论信息隐私，所以我们这里把信息隐私简称为隐私。

本章的内容将围绕两个问题展开：为什么信息与通信技术使隐私成了最突出和最紧迫的社会议题？第四次革命之后的隐私将会是什么？第二个问题的答案将在回答完第一个问题之后揭晓，而回答第一个问题之前，我们必须首先对信息摩擦的概念有一个更好的理解。

信息摩擦，保护隐私的关键

信息摩擦指的是信息圈中与信息流反向的力量。它与一些智能体在特定环境下为了获取、过滤和封堵其他智能体的信息，而减少、改变和增加信息摩擦相联系。想了解它怎么运作，来看看下面的场景。

假设有 4 个学生：爱丽丝、鲍勃、卡罗尔和大卫，作为信息体，他们 4 人居住在同一个房子里，也就是说居住在同一个信息圈中。凭直觉就可以知道，他们之间的信息隔阂（information gap）越大，彼此之间的了解就越少，他们的个人生活也就越私密。信息隔阂的大小取决于他们个人信息的可获取性。在这个例子

中，隐私的多少将取决于学生有没有自己的独立房间和独立卫生间等。**信息的可获取性依次取决于信息体的本质、学生所居住的环境以及信息体在这样的一个环境中会产生的互相影响。**如果房子中的墙壁又少又薄且学生们有很好的听力，那么信息的可获取性就会提高，信息隔阂减少，隐私就会变得更难以得到保护。学生们选择共同居住的这种日式住房将会深深影响他们之间友爱的生活。或者我们假设这个房子里所有的墙壁和家具都被换成了完全透明的玻璃，而且所有的学生都有很好的视力，那么在这个与边沁的圆形监狱①相类似的空间中，保护隐私几乎成为一件不可能的事情。

最后，我们来考虑一个与时间有关的科幻场景。在《逝去的过往》（*The Dead Past*）一书中，知名科幻小说家艾萨克·阿西莫夫（Isaac Asimov）描述了一个计时器，通过这个设备可以直接观察过去所发生的事件。由于它只能看到几个世纪之前的东西，因此只有历史学家才会使用它。但是，很快人们就发现用它可以轻易地观察到不久之前发生过的事件，且只会有几秒钟的延迟，也就是说存在很小的信息摩擦。如果我们的学生也可以使用阿西莫夫的计时器，那么他们将能实时监控几乎所有事件。这同样会使隐私消失，就像在阿西莫夫的故事里，另外一个人物所说过的一句颇有哲理的话："逝去的过往等同于活生生的现在。"很明显，**特定环境下信息的可见性与约束性仅同具有特定信息能力的信息体有关。**与办公室空间设计中的隐私问题有关的争论（这场争论从 17 世纪后期就已开始）——从私人办公室到小组式的、开放式的办公系统，再到完全开放的办公环境，为社会环境中不同信息摩擦程度的相关性提供了一个重要的例证。当你拉上

---

① Benthan's Panopticon, 由英国哲学家边沁提出。圆形监狱由一个中央塔楼和四周环形的囚室组成，这样的设计使处在中央塔楼的监视者可以方便地观察到所有囚室里犯人的一举一动。这样，犯人们就会相当自律。——编者注

卧室的窗帘时，你就正在增加环境中的信息摩擦。

现在，我们已经有望去构造出一个定性方程式。考虑到在一个信息圈中会有一定量的可获取的个人信息，信息圈中的信息摩擦越少，其中的智能体的个人信息的可读取性就越高，智能体之间的信息隔阂就越少，而可预期的隐私水平也就越低。用一种更加简单和普遍的方式来说，**隐私是信息圈中信息摩擦的一个重要功能，任何减少或增加信息摩擦的因素都会对隐私造成影响。**所以，这样看来我们的第一个问题就有了一个答案。

信息与通信技术毫无疑问会强有力地影响信息摩擦，因此它们使隐私成了最突出和最紧迫的问题之一。

不过，情况要更加复杂。之前的答案虽是一块很好的垫脚石，但它不能解释两个重要的现象，因此回答第二个问题将十分困难。这两个现象中的每一个都值得用一个单独的章节去讨论，我在这里将简要概述。

首先，即使信息与通信技术会减少信息摩擦，匿名仍有可能会抵消它们的影响。

其次，老式信息与通信技术或设备，如收音机和电视，只会减少信息摩擦，造成单方面的影响；而新式信息与通信技术将会起到两方面的作用，既可能增加也可能减少信息摩擦，所以它们有可能会削弱也有可能会增强我们所享受的隐私程度。

下面我将详细分析这两个现象。之后，我们会修正第一个的答案并为解决第二个问题作好铺垫。

匿名隐私，都市化的产物

在 19 世纪和 20 世纪，当电报、收音机、照片、电话和电视等老式信息与通信技术设备逐渐消除了信息摩擦时，都市化这一社会现象却抵消了它们的作用。**城市环境培育出了一种基于匿名的隐私。**由于收集和关联某个陌生人物的不同信息难度很大，匿名可以理解为不可获得个人信息。这是一种类似于森林中的一片树叶所能享受到的隐私，即使是在今天的农村环境或者小村庄这样的人人相识的环境中，这种情况也是难以想象的。

尽管老式信息与通信技术的发展让信息摩擦不断减少，匿名仍使得现代社会享受到了从未有过的隐私度，这种隐私度即使通过代理也无法获得，在萨缪尔·沃伦（Samuel D. Warren）和路易斯·布兰戴斯（Louis Brandeis）1890 年发表于《哈佛法律评论》（*Harvard Law Review*）上的经典文章《隐私的权利》（*The Right to Privacy*）中，他们警告世人隐私正在受到以下情况的侵蚀：

> 近期的发明和商业模式……即时拍照与报纸企业……以及众多的机械设备。

不过这些技术的力量会被对抗性的力量所抵消。罗伯特·史蒂文森（Rbbert Stevenson）所写的《杰基尔医生与海德先生奇案》（*The Strange Case of Dr Jekyll and Mr Hyde*）于 1886 年首次出版。一年之后，柯南·道尔（Conan Doyle）所写的《血字的研究》（*A Study in Scarlet*）出版。在沃伦和布兰戴斯发表他们经典文章的同一时代，尽管已经有新技术可以使用，爱丁堡的杰基尔医生和伦敦的福尔摩斯先生却仍然通过匿名来增加保密的机会。也许，从这个角度来讲，我们所怀念的隐私其实是指 19 世纪的匿名。

由于数字信息与通信技术正在改变信息环境、人们之间的交互方式甚至我们自身，因此，如果指望未来的隐私会和 20 世纪中叶西方工业社会的隐私概念完全相同的话，难免有些太天真了。信息社会已经改变了信息摩擦的临界点，并因此给居于其中的人们带来另外一种感觉，他们开始珍惜自己的隐私。**在某种程度上，隐私概念的重新定义将是我们进入超历史时代所要付出的代价。**社会广泛而深刻地依赖于信息与通信技术，却不允许它们改造环境和发生在其中的事物，这显然是不可能的。X 世代和 Y 世代的人们能够理解隐私的方式与以往相比已经有了很大不同。皮尤互联网与美国生活项目（Pew Internet & American Life Project）发布的一份关于"青少年、隐私和在线社交网络"的报告这样指出：

> 对青少年来说，所有的个人信息在被创造时都是不平等的。他们认为，理解信息共享冲突的背景环境非常重要。

哈佛大学伯克曼互联网与社会研究中心（Berkman Center for Internet & Society）近期所做的一份报告则这样强调：

> 对青少年来说，"隐私"不是一个单一变量。不同种类的信息都有着或多或少的私密性，我们需要不断快速地作出选择以掩盖或揭露一些东西……年轻人将社会环境看成是多样的和重叠的，而不是在"私人"和"公众"之间画出一条泾渭分明的分界线……确实，对于很多以一种更加微妙的方式看待隐私的年轻人来说，准确区分"公众"和"私人"十分困难，他们将网络空间看成是"半公共"的，并以不同的"朋友"群体来区分隐私程度。在很多有关年轻人和隐私的文献中，"隐私"一词并没有自动被定义为或者被当成是褒义的。无论如何，公开信息并不意味着会有风险或者会出问题；它反而会带来很多通常不被人们提起的社会效益。

Z 世代的隐私观甚至可能与现在的中年学者所默认的明显且毫无争议的信息隐私观有着更大的区别。这种新的隐私观已经开始在双重否定的、非匿名的信息圈中不断成长。

在 19 世纪后期，被老式信息与通信技术所减少的信息圈中的信息摩擦，又因社会环境对匿名的青睐而有所增加，并因此产生了匿名隐私这个新类型。在这一点上，新式信息与通信技术的广泛应用终于为这场自打印机发明以来就开始的对抗画上了句号。现在我们又回到了数字社会，在这里，匿名不再被看作理所当然，新旧信息与通信技术所减少的信息摩擦显示出了对隐私的最大功效。

举个例子，如果数字信息与通信技术允许恐怖分子在网上不受干扰地进行交流，那么它们就应该对 2005 年的伦敦爆炸案负责，因为它们没能在几个小时内识别出这些投弹者。相同的惨剧 2013 年在波士顿又一次上演。同样，手机作为呈堂证供越来越有用了。在英国，蜂窝基站分析（cell site analysis，一种估计手机使用地点的三角测量法）帮助否定了女童谋杀案主犯伊恩·亨特利（Ian Huntley）的不在场证明，并证明其犯有对霍莉·威尔斯（Holly Wells）和杰西卡·查普曼（Jessica Chapman）的谋杀罪。而福尔摩斯也用这种方法对抗海德先生。

你经常光顾的超市对你的喜好知道得很清楚，你祖父母常去购物的小卖部老板也知道他们喜欢什么。你的银行对你的访问情况和财务状况有详细的记录，但是这与老式的服务究竟有什么区别呢？为了方便计费，电话公司可以通过分析将通话数据变成用户画像：社交网络（同事、朋友和亲属的姓名及电话），可能的国籍（国际通话的类型），从某人可能在家的时间推出其工作模式和财务（消费）状况等。将超市、银行、电话公司的信息以及各种各样的推理相结合就可以得出你的信用等级。他们也许会这样做，而且在大仲马的《基督山伯爵》一书中已经有这样的描述了。朝信息社会的迈进事实上让我们再次回到了一个小型社区，不可否认，这很有可能会引发幽闭恐惧症。

住在一个透明的信息圈中会有多困难？人类智能体倾向于去熟悉有着不同信息摩擦程度的各种环境，因此人们可以很好地调整自己以适应环境。虽然奥威尔在《1984》中写得非常棒，但由于所有环境中的每一个智能体都有着自己的平衡方式，因此很难去辨别信息摩擦低到什么程度时，人类的生活将会变得不舒服和难以忍受。但很明显的是，一旦智能体愿意消耗资源、冒风险或花费精力去恢复信息摩擦，如修建一道更高的围墙、放弃一次希望得到的服务或投入更多的时间去修改用户画像时，就已经到达这个具体的临界值了。不同智能体的敏感程度不同。需要记住的是，有几种因素（性格、文化、家教、过去的经历等）造就了我们独一无二的个性。对某些人来说，邻居能够看到他花园里的车库也许就是对隐私难以容忍的侵犯，值得他们设法去修复；对另外一些人来说，与其他家庭成员同住一个房间也许是完全没有问题的。**人类智能体可以适应非常低等级的信息摩擦。**

伍尔芙在她写的有关蒙田的随笔中讨论了信息摩擦的缺失情形，这种信息摩擦赋予了社会环境中的每一个人不同的特征。在英国，由于电话窃听丑闻导致了《世界新闻报》的关闭，这个议题再次被人们提起。政客和演员们已经习惯于低隐私的环境，在他们的生活环境里，隐私是奢侈品而信息摩擦则被认为是不存在的。同样，参加类如"楚门的世界"（Truman Show）等真人秀节目的人们展现出了一种强大的能力，即哪怕在场景设定中他们与公众之间的信息摩擦很明显地以娱乐的名义被系统性地降低，他们也可以很好地适应。在一个更加悲惨和真实的情景中，由于信息摩擦被刻意地（同时也是不可避免地）减少，集中营里的犯人遭到了极度的束缚。

在互联网发展的早期，大约是在浏览器的概念等同于美国网景公司（Netscape）的时候，用户们认为在网上就意味着处于一种完全匿名的状态。网上行为失去了其信息来源，这种不可追踪的能力感觉就像是隐私。一台联网的电脑就像是一枚"古阿斯指环"，这些神奇的人造物可以帮助它们的主人随时隐形。柏拉图在他的《理想国》中用这枚戒指的例子讨论了如果一个普通人可以做任何事而不用害怕被抓捕或遭惩罚的话，这个人将会做些什么。柏拉图对此并不乐观：

> 假设现在有两枚这种神奇的戒指，正义的人戴上了其中一枚而邪恶的人戴上了另一枚；且假设没有人具备那种会站在正义一边的意志。如果他可以从市场拿走任何他喜欢却又不属于他的东西，或者可以走进屋子随意和任何人睡在一起，或者在监狱中随心所欲地释放或杀戮囚犯，并且从任何方面来看都表现地像神一样，那么没有人可以约束住自己。

我们将柏拉图的社会实验在网上重复进行了数年，后发现，其结果与柏拉图所预期的颇为相近：从社会学的角度来看，互联网用户表现得可能不是那么负责任。但情况已经发生了改变。图灵肯定会欣赏彼得·施泰纳那两只吹嘘匿名身份的狗的漫画。我们今天看它时，已经不再感到有趣，而是会觉得它有些过时了。监视软件和恶意软件（比如间谍软件）的信息记录程序Cookies[①]已经让越来越多的人认识到，面前的屏幕并不是隐私的保护伞或哈利·波特的隐形斗篷，而是一扇开启我们线上生活的窗户，透过这扇窗户我们可以看到任何真实的事情。这里并没有神奇的公式。即使用户刻意删除了信息记录程序，被称为"修复"的反向技术仍可以重新生成这些程序。我们希望网站会监

---

① Cookies是网站发送的小文件，在用户浏览网站时会储存在用户的浏览器中。只要用户再次浏览该网站，浏览器就会向服务商发送Cookies，来告知网站这位用户上次的访问情况。Cookies被精心设计，这样网站就可以记住用户的信息（如购物车里的物品）或是记录用户的浏览情况，包括点击了具体的按钮等。

视和记录我们的活动，甚至不在意它们的目的是什么，但这并不意味着我们不在意隐私，而是因为我们认为上网也许不是生活中一件私密的事情。这个屏幕是个监视器并正在监视着你。在美国 CBS 电视台的犯罪系列电视剧《疑犯追踪》（*Person of Interest*）每一集开头，隐居的亿万富翁和电脑天才哈罗德·芬奇（Harold Finch）都会提醒我们：你每时每刻都在被那台机器所监视着。

1999 年，《经济学人》杂志的一位新闻记者做了一个至今仍颇有意义的实验。他邀请了一名叫山姆的私人侦探来证明某一个人的相关信息是有可能被收集到的。这个新闻记者本身就是实验的对象，实验在他生活过的国家英国进行。新闻记者只告诉了山姆自己的姓名。山姆被告知不要去使用任何真实的欺诈手段（如监视、翻家里的垃圾桶、窃听电话、黑客行为等类似的手段）。结果是什么？

> 通过使用几个数据库和不同的信息与通信技术，甚至没有与任何了解我的人交谈，山姆就找到了大量关于我的信息。他对我的财务情况有了很好的了解，包括我房子的价值、我的薪水和贷款余额。他知道我的家庭住址、我的电话号码、我合伙人的名字和前任合伙人的名字、我母亲的名字和住址以及曾经住在我房子中的 3 个人的名字。他还"找到"了我的雇主。他知道曾与我共事的 4 个领导的姓和住址。他还知道我邻居的名字。

这令人震惊吗？毫无疑问，是的。但是它就发生在现代匿名的工业社会中，而不是在之前的前工业社会的小村庄里，或之后的超历史时代的信息社会。在瓜尔奇诺（Guarcino，罗马南部一个约有 1 000 人的小村庄），每个人都知道关于其他人的任何事情。那里的信息摩擦很少，匿名不会去调整平衡，因此几乎没有任何隐私。

当然，在本地小村庄和全球数字化村庄之间有很多的不同。历史或许会重演，

但并不会显得过于单调。小社区有着很高的社区内部透明度（就像一栋共享的房屋），但社区与社区之间的透明度却相对较低。所以在这些社区中，对隐私的破坏是相互的，但是很少有人会跨过社区的界限去破坏隐私。这与今天的信息社会有很大不同。我们今天所工作和生活的社区中的透明度很低（我们几乎不知道邻居的名字，我们的同事也会严格保护他们的隐私），但数据挖掘者、黑客和研究机构却非常了解我们，这里并不存在对称性，来自外界的对隐私的破坏实属常见。而且，我们甚至不知道他们是否了解我们这件事情本身。

将过去与现在进行比较的部分价值就在于把社区的大小考虑进来。**信息社会的一个特点正是其边界的缺失，以及它的全球化本质。**我们都处于同一个信息圈中，这里不再有外界，社区内或者社区外的关系更加难以区分。隐私侵犯的种类也与以往不同了。在小社区里，对隐私的破坏很可能会让你觉得羞愧或脸上无光。有趣的是，中世纪著名哲学家、神学家圣·奥古斯丁经常谈论与已婚夫妇的性生活这一话题有关的隐私，他将其与秘密联系起来，而这显然是一个让人害羞和尴尬的秘密。对隐私的破坏还可能会让你失去身份或职位，让私事成了大家都知道的信息。在信息社会，这类破坏涉及未授权的信息收集，以及不一定非得公布的信息。私事也许根本不会被公开，它们也许会被其他受益人获悉并加以利用。这样的小村庄将是自我调整型的，而这种自我调整则限制了对隐私的破坏。所有人都知道自己和其他人一样是被审查的对象，而这也无形地限制了他们干涉他人生活的热情。尽管在全球数字化村庄中并没有这类社会约束，但是却可以使用其他保护措施。如我们在下一节中将看到的那样，今天的信息社会拥有数字手段去保护那些在小村庄中必然会丢失的东西。

侵权与公平，授权的两面

前文我曾承诺会详细分析两个现象。我们刚刚讨论了由信息与通信技术带来的信息摩擦的减少将如何被其他因素，特别是现代社会中的匿名所抵消。本节的主题是第二个现象，与新旧信息与通信技术之间的区别有关。

老式信息与通信技术总是倾向于减少智能体认为在其环境中属于正常程度的信息摩擦，这同样适用于字母表的发明或打印机的广泛使用。我们可以看到，1890 年沃伦和布兰戴斯控诉摄影技术和报纸行业的崛起加剧了这一趋势。远程信息与通信技术（Tel-ICTs，从望远镜到电视）和记录类信息与通信技术（recording ICTs，从字母表到智能手机 App）都不能自己去减少信息圈中的信息摩擦。阿尔弗雷德·希区柯克（Alfred Hitchcock）1954 年执导的经典电影《后窗》（*Rear Window*）提供了一个极好的例子。一位名叫詹姆斯·斯图尔德（James Stewart）的新闻记者在单腿残疾而不得不坐在轮椅上的情况下，仍然能够暗中监视他的邻居，并利用各种技术破获了一起犯罪案件。20 年后，1974 年的"水门事件"和尼克松的辞职同样要归功于信息与通信技术。

那些控制了老式的前数字化信息与通信技术的人实际上控制了信息摩擦，并因此控制了信息流。反乌托邦观点中那些全能的智能体可以很好地代表这种对信息与通信技术的授权性解释：他们可以克服任何信息摩擦，控制方方面面的信息流，获得任何个人数据，并因此可以应用最彻底的监视系统来摧毁所有的隐私。"我们最珍爱的财富"的丢失是一个前数字化问题。不妨回头看看奥威尔的《1984》，这部小说在 1949 年首次出版，其中并未包含任何有关电脑和数字机器的内容。

智能前沿

现在，综合考虑所有情况的话，这种建议仅仅将新式信息与通信技术看成是老式信息与通信技术的放大，或者说，增强版的对信息变化的"连续性"解释似乎是可以理解的。但如果顺着这条推理思路出发，也就是说，如果新旧信息与通信技术之间没有根本区别的话，那么认为后者引发了更多的隐私问题也是合理的，因为它们在信息圈的信息智能体的授权上要比老式信息与通信技术强大好几个数量级。奥威尔《1984》中的"老大哥"将会很容易将现在的社会与他的终极数据库联接起来。

这条推理的问题在于，相对于老式信息与通信技术，新式信息与通信技术会从两个方向上给用户授权，因为它们既可以减少也可以增加信息摩擦。

关于授权有两种解释，这两种解释对我们当前的目标来说都是有意义的。**授权意味着"平等的机会"，这种授权是决策过程的一部分，它与边缘化、排他性以及歧视相对应。**这是当我们论及给女性或者少数族裔授权时脑海中会想到的东西。在好的民主社会中，这种授权已经或者很快会变得不那么必要了。**接下来是"更多的机会"，这种授权会增加可选机会的数量和质量。**举例来说，这是我们讨论顾客体验和交互时所说的一类隐私。即使在好的民主社会中，第二类隐私的发展也是没有限制的，因为可提供的机会的本质与数量是没有限制的，尤其是因为后者是人类发展的结果。现在，这两种授权都渐渐与可使用的和可获得的隐私联系起来。我们需要通过这两种授权去确保更多的平等机会和更高的生活水平。而且在某些例子中，这两种授权可以理解成同一个意思，比如当考虑给病人授权的问题时，或者我下面要讨论的信息与通信技术给信息智能体的授权。

在信息圈中，我们作为信息智能体被新式信息与通信技术授予了越来越多的权利，我们不仅可以收集和处理个人信息，而且可以去控制和保护这些信息。而现在，数字技术可以毫不费力地处理数据，这一现象对双方都会起作用。它不仅促进了记录、处理和开发个人信息流的巨大发展，还增加了信息智能体控制个人信息的方式，提高了其控制程度。比如，监测和美化个人与公司网上信息的声誉管理公司正在如雨后春笋一般涌现。2013 年，其中一家名为 Reputation.com 的公司在 100 个国家和地区拥有超过 100 万个客户。虽然一个人愿意去保护的个人信息的数量是一定的，但是控制这些信息生命周期的方法与措施还会不断增加，且看起来远没有达到极限。假设隐私是个体（包括个人、团体或者机构）控制其信息的生命周期（特别是生成、获得、记录和使用）的权利，以及并决定这些信息可以在什么时间、以何种方式、在什么范围内被他人处理的权利，那么我们必须承认数字信息与通信技术也会提高或者降低我们行使这项权利的可能性。

在数据产生阶段，数字信息与通信技术有助于个人数据的保护，特别是通过加密、匿名、密码编码、建立防火墙、特定协议或服务，以及在发生外部数据捕捉时的警报系统。在数据存储阶段，数字信息与通信技术让规则的指定成为可能，如早在 1995 年欧盟就已通过的《个人数据保护指令》（Data Protection Directive）。这项指令保证了没有被数字信息与通信技术移除的信息摩擦会被不正当地重新提出，以防止信息智能体发现个人信息记录的存在，且防止信息智能体获得这些信息、检查它们的精确度、对它们进行修正与升级或是请求消除。在数字管理阶段，特别是在使用数据挖掘、分享、配对、组合等方式时，数字信息与通信技术可以通过便利相关使用者的认证和管理，从来帮助信息智能体控制和管理其对信息的使用。在以上 3 个阶段中的每一个阶段，解决隐私问题的方案都不仅仅是通过自我管理或者制定规则，而是还需要借助于技术手段，特别是因为使用信息与通信技术可以更容易地识别和纠正隐私侵犯。

所有这些并不意味着我们正在确定无疑地朝一个田园牧歌式的情景走去，在

那里，隐私提高技术（PETs）可以对抗那些有害的隐私侵犯技术（PITs），从而充分保护我们的个人生活与信息。这样的乐观情绪是不正确的。没有我们的努力，这些问题解决方案不会自行发展。但这确实意味着数字信息与通信技术已经提供了一些方式去抵消其给隐私带来的风险和挑战，因此任何宿命论的悲观情绪也是不正确的。**数字信息与通信技术并不一定会消除隐私，它们同样会巩固和保护隐私。它们或许已经让"匿名"这个隐私的代理消失，但通过对技术与社会环境的合理设计，引出了一种新隐私。**

到目前为止，我们已经介绍完了所提到的两种情形。如前文我承诺的那样，现在我们已经准备好去修正第一个问题的答案。新式信息与通信技术已经使隐私成了当今社会最突出和最紧迫的议题，不仅仅是因为它们像老式信息与通信技术一样不断地消除着信息摩擦，还因为它们破坏了一种基于匿名的隐私平衡，且能在增加或者减少信息摩擦这两个方向上给信息智能体授权。

现在我们要处理第二个问题：第四次革命之后的隐私将会是什么？

为何隐私如此重要

有两种关于隐私价值的理论十分普遍：一种是基于简化论的解释；另一种是基于所有权的解释。

基于简化论的解释认为，隐私的价值在于侵犯它时所引发的一系列不理想的结果，如个人层面的贫困或者社会层面的不公。同样，从为人们之间进行良好互动的可能提供必要条件，如保护人类尊严或保证政治审查与政治平衡的意义上来说，隐私是非常重要的。

基于所有权的解释认为，为了保护每个人的人身安全与财产权利，我们必须尊重信息隐私，这里的财产权利传统上被理解为对某个物品单独享有的使用权。个人需要对他的信息（关于他自己的信息）负责，就像伍尔芙所说的"隐私永远是我们最珍爱的财富"。因此，每个人都被赋予了控制自己的信息从生成到使用再到被消除这一整个生命周期的权利。

上述两种解释并不互斥，但是它们分别强调了隐私价值的不同方面。简化论的解释更倾向于评估隐私的结果论，这种评估与保护或侵犯隐私的成本 - 效益分析密切相关；基于所有权的解释则更倾向于对隐私本身价值的某种"自然权利"的理解，它与私人财产以及知识产权密切相关。很显然，由于两种解释都属于同一种"历史心理"，所以它们都将侵犯隐私当成是对某个隐性空间或个人信息圈的冒犯和未授权的入侵。

两种解释都不能完全令人满意。简化论的解释考虑到了人们可能会滥用所获得的隐私，捍卫了尊重隐私的需要。所以特别是从结果论的角度来说，它必然是更为合理的，但它与进一步追求和增进社会利益、福祉并不相符。即使是一些公开的个人信息，很明显是需得到保护的，特别是考虑到要反对信息建档以及无限制的电子监控。但是，在纯粹简化论的基础上，一个消除了任何隐私的社会究竟能否变得更好，这样的社会会不会有更好的公共福利，也都还是未知数。确实，对家庭内部隐私的保护有可能被当成掩饰隐私黑暗面，如家庭暴力、忽视或者虐待的幌子，关于这一点曾有权威的论证。正是因为从纯粹简化论的角度来考虑问题，即使是在民主社会我们都倾向于承认，当包括公众安全和国家安全在内的其他因素和更优先的问题变

得更紧迫时，隐私权就可以被肆意践踏。所有这些都对《世界人权宣言》第十二条的解读施加了一些明显的压力，这条"专制"条款这样指出：

> 任何人的私生活、家庭、住宅和通信不得任意干涉，他的荣誉和名誉不得加以攻击。人人有权享受法律保护，以免受这种干涉或攻击。

由于以下三点原因，基于所有权的解释也不能完全令人满意。

- 首先，信息污染也许会破坏被动的信息隐私。这是一种通过外部来源强加在某人头上的信息或数据，如噪音。洗脑也许不会经常发生，但垃圾邮件或附近有人大声地打电话，却都是日常生活中的被动隐私侵犯的例子，虽然看起来并没有任何人的隐私遭到了侵犯。

- 其次，这是社会环境中的隐私问题。隐私经常被公开地使用，也就是说在一个社交的、真实的和信息共享的环境中被使用。如果一个人在闹市区的话，那么任何人都能看到他在做些什么。如果这个人进入了一个从任何角度来看都属于公共空间的地方，那么监控系统又怎么能算是对其隐私的侵犯呢？因此，基于所有权的解释也没能提供一个令人满意的答案。

- 最后，基于所有权的解释中存在着对"信息所有权"这一概念的一种隐喻的、不精确的使用，这不能完全解释对信息的无损获取或应用。我们在第2章中已经看到，信息并不像一块比萨或一张CD；相对于一个人所拥有的其他东西，他的个人信息只有被其他人获取后才算丢失。基于某个信息圈所有权来分析隐私显得有些过于隐喻化了。我们需要一个更好的解释。

隐私，你身体的一部分

简化论的解释和基于所有权的解释都没能意识到由数字信息与通信技术带来

的重大改变。它们属于一种以有形货物和制造 / 贸易关系为基础的工业文化。它们依赖于一种历史时代的，而不是超历史时代的框架。所以，当它们试图去解决信息文化的服务与应用所带来的问题时，就显得有些力不从心了。有趣的是，沃伦和布兰戴斯在 1890 年就已经发现了这点，并对此有着深刻的见解。

（隐私）所产生的价值不在于从信息公开中获利，而在于防止任何信息公开的能力所提供的一种平和心态与信仰。从这个词的通常意义上来说，很难将其当成是资产权利的一种。

一百多年之后，就像图灵革命被理解成人类自我认识的第四次革命一样，隐私同样需要一个彻底的重新解释。这个解释需要将我们的信息本质以及我们作为信息体的互动考虑进去。

这样一个重新解释将每个人看成是由他的信息所组成的，并因此把对个人信息的侵犯理解成对个人身份的侵害。包含自组织价值的隐私解释与信息与通信技术可以消除或巩固信息隐私的事实是相符的。因此，我们需要作出一些积极的努力，不仅要去支持隐私巩固技术，而且要去支持对它们的建设性的应用，这些应用将允许用户去设计、塑造和维护其作为信息智能体的身份。

为了让巨型多智能体系统（macro multi-agent system，即社会）和组成这一巨型系统的微型多智能体系统（micro multi-agent systems，即个人）的身份之间有一条坚实的分界线，信息流中必须要有一些摩擦。任何一个可能没有任何信息隐私的社会，都是一个不会产生任何自组织过程的地方，在这里，个人身份不会得到发展和维护，因此没有福利会得以产生，因为社会福利必须是身处其中的个人福利的累加。一些简化论者也许会提倡信息圈的完全"透明"——可以回想前

文提及的几个学生同处一室的例子，并主张仅仅通过消除个人身份和个性来保护整个社会。这当然是一个"最终的解决方案"，但在组成这个被过分保护的社会的个体中，显然很少有人会拥护这项提议。如同下面的评述所言：

> 无隐私的环境不仅会漠视个性（无论这种个性是否奇怪）的表达，而且渐渐地会抑制我们做这件事的力度。

在简化论的解释中，人们出于结果至上主义的考虑也许会践踏对隐私的尊重。相比之下，自组织解释的优势在于通过平等对待对隐私的保护和对个人身份的保护，将尊重隐私当成是一项基本的权利。默认情况下，这一解释将永远支持对隐私的尊重。如同我们将会看到的一样，这并不是说隐私在任何情况下都不应该被忽视。

从人是由个人信息组成的这点来看一个人的本质的话，我们能够将隐私权理解成一种作为信息实体，让个人身份免于遭受未知的、不合意的、无意识的变化，从主动和被动两个角度来说都是如此。从主动角度来说，由于收集、存储、复制和篡改等行为，爱丽丝的信息量已经达到了可以被用于窃取或克隆其个人身份的地步。从被动角度来说，侵犯爱丽丝的隐私现在可能涉及强制她接受自己不需要的数据，并因此未经她的同意而改变其作为信息实体的本质。洗脑对隐私的侵犯程度就像读脑术一样。因此，基于所有权的解释所面临的第一个难题便得到了避免。**自组织解释指出，信息圈和个人身份具有相通性，或者说它们就像一枚硬币的两面。这两者之间没有根本区别，因此"你就是你的信息"，任何对你的信息采取的举措都会对你本身，而不是对你的所有物产生作用。这就是为什么隐私会这么珍贵，以及为什么我们应该尊重隐私。**

把对信息隐私的妨碍比喻成绑架，要比将其当成是非法越界更加有效，困扰着基于所有权的解释的第二个问题也就得到了解决。从这一改变上来说，其好处是我们将有可能放弃将隐私分为公共环境和私人环境的错误二分法。组成爱丽丝这个信息实体的一些信息是与环境无关的，因此即使在完全私人的环境下，爱丽丝想要保留她的完整性和独立性也是完全合理的。非法越界只有在公共环境中才是不合理的，但绑架则无论在何地发生，都是一种犯罪行为。

至于第三个问题，有些人也许仍会认为，一个信息智能体"拥有"他的信息，但这种拥有不再具备之前的隐喻意义。在一个信息智能体就等于其信息的情况下，这种"拥有"有着更加精确的意义。"你的信息"和"你的车"中的"你的"的概念是不同的，前者更像是"你的身体""你的感觉""你的记忆""你的想法""你的选择"等中的那个"你的"。它表达了一种构成性资产的观念，而不是外部的所有权。这一观念类似于"你的身体""你的感觉""你的信息"是你的一部分，而不是你的（法定）资产。再一次，我们需要引用沃伦和布兰戴斯的话：

> 由思想、情绪和感情所提供的保护……仅仅是执行个人不被打扰这一更为一般性权利的一个例子。这就像是不被攻击或被咬的权利、不被监禁的权利、不被恶意迫害的权利、不被诽谤的权利或者不被绑架的权利（作者补充）。这些权利中的每一个……本来就有着"被拥有"的意思，而且……将这些权利当成是财产的话，也是有一定正当性的。但很明显的是，从我们对"权利"这个词通常的理解上来看，它们之间的相似性很少。这个本义……其实并不是私有财产的意思，而是未受侵犯的人格（作者强调）……隐私权，作为个人豁免权这一更加一般性权利的一部分，是一种关乎个人人格的权利（作者强调）。

这种自组织概念的隐私以及它的价值开始被更加先进的超历史时代所接受，

在超历史时代，身份盗窃是增长速度最快的违法行为之一。隐私是身份盗窃的另一个方面。颇具讽刺意味的是，关键问题在于，对每一个身份信息被盗窃的人来说（美国每年约有 1 000 万受害者），另外一个人（偷窃者）的身份却被"提高"了。

影响着谷歌、Facebook 等公司及其隐私政策的问题传递出了类似的信息。正如电子前线基金会（Electronic Frontier Foundation）的法务专员凯文·班克斯顿（Kevin Bankston）所说的：

> 你的查询历史反映了你的人际关系和信仰，也许还有你的医疗问题。那些你搜索的信息给你下了定义（作者强调）……数据通常是你脑海中所想的东西的输出：你想要买些什么、想要和谁交谈、想要聊些什么。

相对于你自己所给出的答案，通过你问的问题以及你所寻找的东西可以更好地识别出你，因为它们更真实。

如预料的那样，在一个仍旧是"工业的""现代的"，或者说"牛顿式的"信息观念下，自组织的解释重塑了我们关于隐私的一些设想。下面的比较阐明了这一转变。

若个人信息最终被承认是个人身份和个性的基本组成部分，那么有一天买卖这些个人信息将会是完全非法的行为，正如买卖身体器官（哪怕是某人自己的）和奴隶一样。根据对隐私的自组织解释，情色电影和暴力问题或许也需要重新得到探讨。不管你暴露了什么信息都面临着它们最终会成为你一部分的风险。不妨把它们想象成你吃下去的食物，它们转化成了你身体的一部分。如果你不够小心或没有采取任何防范措施，一个早前的曝光也许就会让你受到永远的伤害，甚至致你于死地。试想一下，有多少事情是你希望从不曾看到、得知或听说的？因为信息与通信技术是一种可以塑造我们自身的技术,所以我们必须保护后代的隐私。与此同时,我们对某些"失效的个人信息",如"某人自己的失效信息"的态度也许会稍有缓和,因为这些信息已不完全是或不再是我们的组成部分。从法律上来说,爱丽丝不会出售自己的肾脏,但她也许会卖掉自己的头发或去有偿献血。

回想一下前文提到的《经济学人》的新闻记者所做的实验。山姆所发现的信息可以被认为是该记者的组成部分。我们不断地留下一串串的信息,就像从我们身上脱落的大量死细胞一样。如今的数字信息与通信技术使我们的数据痕迹可以被记录、监控、处理,并被用于社会、政治或商业目的,这强烈地提醒着我们自身作为信息智能体的本质。它也许会被看成是环境保护论的一个新层次,鼓励我们循环使用,减少浪费。目前,所有的这些都还只是猜测,而在未来它也许会成为对道德情感的良性调整问题。但在 1949 年《关于战俘待遇之日内瓦公约》(即《日内瓦第三公约》)中,已经对可能会被当成"失效的个人信息"的内容提供了一次明确的测试。一个战俘只需提供他的姓名、军衔、出生日期和编号,就不会遭受任何形式的胁迫去泄露任何种类的进一步信息。如果我们都能被当作"信息社会的囚徒"被平等地对待,那么我们的隐私将得到很好的保护,而且仍然会有一些非常适于同其他信息智能体分享的个人信息,即使是与有敌意的智能体分享。这并不是一个全或无的二元问题,而是一个有着良好平衡度的情形。

从自组织的角度看待隐私可能有助于阐明一个进一步的议题,这个议题与信任有关。与某人分享个人信息,特别是一起做事,无论是含蓄的做法,还是清楚明白的做法,都是建立在深厚的信任关系之上的,这种关系将涉及的智能体紧密地联系在一起。这种组合方式通过允许智能休由相同的信息组合成一体来完成。

从表面上来看，相关智能体的信息身份现在是重叠的，至少部分信息是重叠的。个人的联合形成了一个单一联盟、一个超级智能体或是一个新的多智能体个体。正是因为成为一个新的超级信息智能体是一次微妙且冒险的操作，在通过分享共同的经历等个人信息或其来源，并将自己与他人"融合"的时候需要格外小心。这正是我对塞林格的《麦田里的守望者》一书结尾句的理解：

> 不要告诉任何人任何事情。如果你这样做了，你将开始失去每一个人。

信任是一种很亲近的联系，要想去正确塑造这种联系是很困难的，需要很漫长的过程。由于一个超级智能体比组成它的智能体本身要更强大，这种联系在最终完成后对外界的力量通常会有很强的弹性。亲属、朋友、同学、伙伴、同事、同志、伴侣、合作伙伴、小组成员、配偶等，也许都见证过这种联系的本质，那种更强大的"我们"的感觉。但遭遇到"内部"背叛时，这种联系也是脆弱且难以恢复的，因为任何与信任相背的、对一些个人信息的故意或无意泄露，都会完全且不可逆地摧毁这个由不同智能体组成的超级智能体的隐私，并将它们痛苦地分裂开来。当面对"其他人"时，这个"我们"是很强大的，但遭遇"我们中的某人"的内部背叛时，"我们"就十分脆弱了。

由于最后一个议题已经提到过，在这里只作简单讨论：**自组织解释强调了隐私同样是个人身份的组成部分**。你独自行动的权利也是你被允许去尝试自己人生的权利，没有任何记录会禁锢你的人生，夺走你塑造自己的现在与未来的力量，你可以重新开始。每天，我们都希望可以去塑造一个不同的、可能更好的"我"。我们从未停止过对自我的追求，所以保护一个人的隐私即意味着给这个人自由而深刻地塑造和改变他自己的权利。显然，隐私权同时也是一种可以更新身份的权利。

远离身份"小偷"

1560 年 11 月 12 日，年轻的蒙田参加了对阿尔诺·居·逊勒（Arnaud du Tilh）的公开审判。阿尔诺是一个因伪造了自己的身份而被判处死刑的骗子。很多熟人和家庭成员，包括他的妻子波兰德在很长时间里似乎都觉得他是离家多年后回到故乡的马丁·盖尔（Martin Guerre）。但只有在真正的马丁·盖尔出现后，阿尔诺的真实身份才被揭穿。

如果马丁·盖尔始终有能力去保护自己的个人信息，那阿尔诺就不能盗窃他的身份。**很明显，一个人的隐私保护得越好，他的个人身份就越安全。这个新的定性方程是对隐私的自组织解释的直接结果。**个人身份同样需要依赖于信息隐私。当代社会面临的难点，是怎样将这个新的方程式与之前我们介绍过的定性等式结合起来，它根据的是确定什么样的信息隐私才是信息圈中信息摩擦的一种功能。在理想状况下，一个人会希望：

（1）从最高等级的信息流中获得所有的好处；
（2）遭遇最低等级的信息摩擦；
（3）享受着最高等级的信息隐私保护；
（4）拥有最高等级的个人身份保护。

上述（1）和（4）看起来是不相兼容的。如果你试图通过数字信息与通信技术来促进和增加信息流动，那么对个人信息的保护必然会面临更大的压力。你不可能在没有基本身份信息的情况下拥有一个身份。

但是，只要我们意识到一个重要的区别，这个问题看起来就不会那么令人

沮丧了。含有（1）中各种数据的信息流，包括与某人自己有关的、可以分享而不会造成任何自组织伤害的任意数据（如姓名、社保号等），可以回想《日内瓦第三公约》中规定的一个战犯所能得到保护的信息。但是，需要保护的信息（4）指的却是基本信息，也就是构成你自己的信息，比如你的私人信仰或者是你独特的情感投入。为了保护展现这些情感的个人，必须要保证这类数据的安全。正如我们在本节中将看到的，当论及隐私与生物统计学时，这一区别将变得更为清晰和紧迫。

在我们的问题中，个人身份是最脆弱的一环，也是最为微妙的部分。即使是在今天，个人身份习惯上仍通过一些随意的数据来保护和鉴定，这些数据像标签一样随机地或按照惯例地粘附在持有人（使用者）身上。一个名字、一个地址、一个社保号、一个银行账户、一个信用卡账号、一个驾驶证号码、一条个人识别码……这些信息中没有一个是你的组成部分。这些没有一个标签和它的持有人有密切的联系；它只是和你的身份有关，可以被轻易地剥离而不会对你自己造成任何影响。剩下的仅仅是这种"粘贴"的后果。**信息圈中的信息摩擦越少，被剥离信息的流动速度就越快，出于非法目的夺取、偷盗和使用这些信息就会变得更容易。**阿尔诺窃取了马丁·盖尔的名字并且在一个很小的村子里成功扮演了这一身份，在这个人人认识马丁·盖尔的社区里欺骗了他的妻子好多年。若能消除所有的信息摩擦，提供代理文化，那么身份盗窃就会变成世界上最简单的事情。

解决这个问题最快、最不直接的方法就是通过减缓信息流动让信息圈阻塞；像以前一样，造一些阻塞交通流的设备。这似乎与那些流行于一些 IT 办公室和中级官僚机构的政策相类似，那里人们热衷于因为安全因素而否定这样或那样的操作。但是，和所有的反革命或反历史（准确来说是反超历史）的举措一样，"抵制是无用的"。阻止信息圈的进化只会伤害现在的用户，从长远来说也不能给出一个有效的解决方案。

一个更好的方法是，通过一些并非随意的标签组成特性的数据来保护问题中这些人的个人身份信息的同时，确保不断减少信息摩擦，且由此使所有人受益。阿尔诺和马丁·盖尔的外貌很相似，但这只是从 16 世纪的生物统计学来看。今天，生物统计数字信息与通信技术正越来越多地被用于鉴定一个人的身份。其方法主要是测量一个人的物理特征，如指纹、视网膜和虹膜、声线、面部特征、DNA 样本；或行为特征，如行走特点。由于这些方法在认证时需要被认证者本人在场，生物统计系统为证明被认证者有着其所声称的身份提供了一条可靠的途径。当然，这并不是任何时候都有效或从不出错。毕竟，蒙田已经通过马丁·盖尔这个极好的例子对人类过去追求绝对确定的尝试提出了挑战。再一次，智慧告诉我们这同样是"度"的问题。

所有这些并不意味着我们要把生物统计学当成是一剂没有任何问题的灵丹妙药来信奉。使用这些技术时，同样会遭到许多风险和限制。人们已经目睹过一些为了躲过生物统计扫描设备而将受害人截肢或取出其相关部位的暴力事件。但重要的一点是，数字信息与通信技术在将信息社会转变为数字社区的过程中，也在一定程度上修复和提升了个人人际网络的可靠程度，这种可靠程度描述了小村庄中人与人之间的信任关系。**通过放弃一些自组织信息，你可以更有效地保护你的身份，因此也就能更有效地保护你的信息隐私。与此同时，你还可以从一些交互中获益，这些交互将根据你的习惯、行为和你所作出的偏好选择来定制。**在数字社区，你就是一个可以被识别的个体，你的口味、倾向、习惯、偏好、选择等对

其他信息智能体来说都是可知的，他们也可以相应地去适应。

至于保护生物统计数据这一隐私，需要再次说明的是，我们不应该幻想一幅美好的图景。但如果有人要用前文提到过的《日内瓦第三条约》的例子，那么即使是最不堪一击的敌人，似乎都会被允许通过测量他的指纹或视网膜来鉴定其身份。从这个角度来讲，为了得到某些数据，以便为一个人的个人信息和私人生活提供额外保护，我们牺牲一些个人数据是值得的。

一旦把有利因素和不利因素都考虑进去，那么依靠鉴定系统就会变得很有意义了，因为这些系统不会允许自己被轻易地滥用。举个例子，在 2013 年，一家名叫 PayTouch 的公司开发出了一套基于用户指纹的支付系统。只需将你的指纹与一个或多个信用卡或借记卡关联，就可以创建账户。虽然需要通过这些银行卡进行支付，但验证方式是将你的手指放到一个 PayTouch 的扫描终端上进行确认，而不需要用到任何卡片、插槽或密码。在信息圈中，你就是你的信息，你可以从生物统计学上被识别出来。马丁·盖尔的例子在这里提醒我们，犯下类似的错误仍然是有可能的。但如果一个人愿意去检查更多的生物统计数据，那么犯错的可能性无疑就会大幅降低，这一点在奥德修斯（Odysseus，荷马史诗《奥德赛》中的主人公）的例子中将表现得更清楚。

How
the Infosphere Is
Reshaping
Human Reality

奥德修斯的身份之谜

在奥德修斯返回伊萨卡岛后，他被认出来 4 次。尽管他伪装成一个乞丐，他的狗阿哥斯并没有被骗，而是根据他的气味认出了他。接下来是他的奶妈欧律克勒娅（Eurycleia），她是根据他腿上那个在打猎时被野猪袭击留下的伤疤认出了他。这之后，他又证明了自己是唯一一个可以拉动奥德修斯弓的人。所有这些显然都是阿尔诺不能通过的生物统计测试。然而，珀涅罗珀（Penelope）不是伯特兰德（Bertrande），她不需依靠任何"特别的标识"，但最终通过要求欧律克勒娅去移动他们婚房里的床来测试奥德修斯。奥德修斯听到这句话后抗议说这是一项不可能完成的任务，因为他曾亲自在一棵生长着的橄榄树周围打造了这张床，而这棵树现在已变成一只床脚。这是珀涅罗珀与奥德修斯所共享的一条关键信息。依靠这条信息，奥德修斯很自然地重新获得了珀涅罗珀的信任。珀涅罗珀不是因为奥德修斯是谁或他的外表而认出了他，而是基于一个感觉，因为只有他们俩共同知道那条信息。这条信息将他们组成了非常特别的一对，这条信息也是他们作为夫妻的一部分。通过分享这条私密的信息，奥德修斯的身份被恢复，超级智能体也被重新连接起来。在橄榄树根与这对夫妻之间有了一条连接线。对荷马来说，他们之间的连接是不需要理智的；对莎士比亚来说，这是真心缔结的婚姻；对我们来说，这是不存在任何信息摩擦的信息隐私。

4TH

THE

REVOLUTION

06

人工智能

|改写这个世界|

对人类来说，宿命性的愚蠢会以各种不同的令人困惑的形式出现。不幸的是，对智能而言也是如此。在我们与机器之间有一道语义门槛，我们并不知道如何才能让机器跨过它。所以，我们开始让环境适应智能技术，以保证后者能与世界成功地交互。

不断转换和不断减少的智能

2008 年夏，有两篇文章的发表大大挑战了人们对智能的信心。简言之，这两篇文章的共同之处是认为信息与通信技术在变得更加智能的同时，也在使人类变得更蠢笨。

克里斯·安德森（Chris Anderson）在他的《理论的终结：数据泛滥淘汰了科学方法》（*The end of theory: The data deluge makes the scientific method obsolete*）一文中论述了"数据自己会说话，而不需要人们问些看似聪明的问题"的观点：

> 只要有足够的数据，数据是会自己说话的……科学方法的成立是建立在可验证的假设基础上的。这些模型大部分是出现在科学家脑海中的系统。通过对这些模型进行验证，实验可以证明或否定关于这个世界是怎样运行的理论模型。这是数百年来科学的运行方式。科学家所接受的训练使他们认识到相关关系并不等同于因果关系，即不能仅仅根据 X 与 Y 之间的相关关系来得出结论（因为这很可能只是巧合）。相反，你必须弄清楚使这两者之间相互联系的潜在机制。一旦有了模型，你就可以将数据设定和信息联系起来了。没有模型的数据只会成为一种干扰。但是在面对庞大的数据时，这种科学方法——假设、模型化、验证，可能也会变得有些无用。

只要更改一些词汇，哲学家弗朗西斯·培根也可以写成这样一本书。培根极力支持收集大量事实的研究方法，他相信只要积累足够多的事实，这些事实是会自己说话的，他还对假设是否有用提出了质疑。但培根低估了一个基本观点，而对于这个观点柏拉图却十分清楚，那就是知识比信息更重要，原因是知识需要说明和理解，而不仅仅是表明一种事实和相关关系。我们在第 1 章中已经看到，在不断扩大的数据海洋里，日益增加的重要暗流是肉眼所不能看到的，因此借助于更多更好的信息与通信技术和方法来利用这些数据将会大有助益。然而，仅仅是这些还远远不够。大数据的问题表现在各种小型模式上。所以，柏拉图在他的一段著名的对话中提到的那些人最终将会赢得知识游戏。柏拉图认为，为了利用这些模式的价值，这些人"知道怎样批判性地提出问题和回答问题"，因此他们知道哪些数据是有用的或相关的，以及哪些数据是值得收集和利用的。我们需要通过更多更好的技术和方法来认识这些微型数据的模式，我们也需要借助于更多更好的认识论来筛选其中有价值的模式。正如我们在第 3 章中所谈到的，教育的新方式是挑战的一部分。但新的培根主义式的方法无疑已经过时了。**数据本身不会说话，我们需要的是能提出正确问题的聪明人。**

同样在 2008 年夏天，《哈佛商业评论》前执行主编尼古拉斯·卡尔（Nicholas Carr）针对这个问题提出了一个仅有细微差别，但看起来却更具有肯定性的答案："谷歌正在使我们变得更蠢吗？互联网对我们的大脑做了什么？"在文章的最后一句中，他这样写道：

> 我们日渐依赖通过电脑来修正我们对世界的理解，正是凭借人类本身的智慧和智力才产生了人工智能，即 AI。

卡尔的这种悲观情绪似乎毫无理由。我强烈赞成信息处理的不同方式会对我们自我认识和智力的形成产生影响。不论是好还是坏，它们确实以不同的方式在起作用。将文化的低俗化和思维的钝化归罪于信息与通信技术，有点像是将发胖的原因归罪于汽车。这种观点并不全错但是却极为肤浅。汽车既能载你去邻近的超市，也能载你去健身房；同样我们看到信息与通信技术正帮助数百万的人在线提升他们的教育程度。

安德森和卡尔或许有充分的理由担忧人类智能的未来以及什么将会替代它。但我在这章中将要论述的是，信息与通信技术既没有变得更加智能，人类也没有变得更为愚蠢。一些其他的事情正在发生变化。

愚蠢的聪明

夏日，一个半空的果汁瓶横躺在草地上。黄蜂被果汁的味道吸引而来，钻进了瓶中，但是却再也没能飞出来，最后它们被淹死在了果汁里。黄蜂的这种行为从很多方面来说都很愚蠢。它们想要飞过瓶身，不停地撞击玻璃直至筋疲力尽；它们明明看到瓶子里有很多同类的尸体，却还是没能吸取教训；它们虽然具有交流能力，却未能相互告知存在的危险；即使逃离了危险却仍旧不长经验，因此还是会飞进瓶子里；它们没有通过任何方法来帮助其他同类。如果你的认识仅限于此，你很可能会认为这些寻常的黄蜂就像是一种愚蠢的机器人。笛卡儿想必也会赞成你的这种观点。

黄蜂作为昆虫中的一种，算是幸运的。要是自然使果汁瓶里长出了鲜花，黄蜂也许就不会得到进化了。黄蜂和生存环境之间的关系是自然选择的结果。鲜花

的成长需要黄蜂绕其左右。对人类来说，果汁瓶中的黄蜂提醒我们，宿命性的愚蠢会以各种不同的令人困惑的形式出现。不幸的是，对智能而言也是如此。

智能前沿

常识、经验、学习能力、理性能力、沟通能力、记忆力，以及将一件事情看作另一件事情并据此作为目标的能力、推理能力、同理心等能力，都只是使一项行为更加智能的基本要素。如果你好好想想，就会发现这些都是处理信息和思维的方式，它们不仅仅是未被理解的信号、符号或数据，而是具有意义形式的信息（现在更多的是这方面的理解）。因此，我们或许可以这样理解：愚蠢或聪明的行为只是一些隐藏的信息性过程的一项功能。图灵认为这个问题"毫无意义而不值得讨论"，但是它的确指明了正确的方向，即：信息是关键。

假设必要的信息处理技术已经存在。尽管"聪明的行为"不能依据必要的和足够的条件来界定，但是仍可以根据它的背景和比较情况进行测试。当图灵提出著名的图灵测试时，他本人无疑很好地理解了这个道理。我们将鲍勃（一个人类询问者）、一台计算机和爱丽丝（爱丽丝作为一名女性，出现在图灵最初所设想的实验里）中的后两者置于分开的不同房间里，并确保两者都只能跟鲍勃沟通，或通过电邮（图灵的电传打印机）进行沟通。现在鲍勃可以向计算机和爱丽丝提出各种各样的问题。在对时间限制进行合理的设置，并且对问题的个数和答案进行合理的设置后，如果鲍勃不能根据这两个对话者所给出的答案来分辨他们的正确身份，那么这台计算机和爱丽丝很明显就未能充分展示出不同的智能行为。鲍勃知道，这两者是可以互换的。最后，计算机通过了图灵测试。

许多哲学家和科学家可能并不认可图灵测试的实际价值，但是一些人却比另一些人要更乐观。埃里克·施密特（Eric Schmidt）曾是谷歌公司的执行董事长，他于 2013 年 6 月在阿斯彭研究所（Aspen Institute）做研究时曾说：

> 许多从事人工智能行业的人相信，我们离计算机通过图灵测试的时间
> 不久了，也许就在接下来的 5 年时间内。

如果这是许多人所相信的，那么他们很可能都错了。我们距离通过图灵测试最近的体验是一年一度的勒布纳人工智能奖（Loebner Prize）。这项竞赛将会对人工智能系统进行颁奖，获奖的通常是聊天机器人，评委将根据哪个聊天机器人最像人类来评定谁获奖。作为评委之一，下面就让我来和大家谈谈它具体是怎样操作的。

图灵测试与勒布纳人工智能奖

2008 年，勒布纳人工智能奖第一次来到英国，具体来说是来到英国的雷丁大学（University of Reading）。当时，人们对这项竞赛抱有很高的期待，也做了大量的广告宣传。凯文·沃里克教授（Kevin Warwick）是该项竞赛的组织者，他似乎认为这一年机器很有望能通过图灵测试：

> 组织竞赛的出发点在于，验证机器是否能通过在人工智能方面堪称重
> 要里程碑的图灵测试。我相信，机器在这方面的能力已经离成功相当近了。
> 如果这样的事情能在 2008 年首先发生在雷丁大学，那无疑将会相当激动人
> 心。这很有可能成为事实。

作为受邀评委之一，我感到很兴奋，同时也很是怀疑。我怀疑这些机器甚至

都不能通过一个简单的图灵测试。

尽管人和机器之间的谈话很简短，但正如我所预料的，几组问题和答案通常就已足够证明即使是最好的系统，距离人们所称的智能的定义还相去甚远。以下是一些例子。

对话双方之一以这样的提问开始对话："如果我们握手，那我握住的手是谁的？"参与对话的人类马上用语言作出问答（这场对话不能使用肢体交流）。后来证实参与这次谈话的人是安德鲁·霍奇斯（Andrew Hodges），他是图灵传记的作者，被当场招募来在屏幕后面与各位评委进行交流。计算机不能回答这些问题，给出的答案扯到其他事上了，这是许多测试过的机器使用的伎俩："我们生而不朽。不，我们不信。"这虽然是一种令人厌倦的方式，但这种方式已经被应用达数十年之久。[1] 还有另外一种经证实的说法：尽管失调的伪语义行为可能会以高度具体的语义背景愚弄一些人类，但是在多用途开放的对话中，这种方式完全无效。例如，第二个问题就完全没有证实第一印象："如果我手中有一个珠宝盒，那么我能存多少张 CD 在里面？"人类交流者很快提供了一些解释，但是计算机却再一次搞砸了。第三个问题在最后 5 分钟被提出来："英国的 4 个首都分别是三、曼彻斯特和利物浦。请问这个句子错在哪里？"又一次，计算机没能给出有意义的答案。

所有的其他对话都以相类似的形式进行着。尽管其他评委提出的是不同的问题，相对应的答案却立刻揭露了谁是计算机、谁是人类，从而使进行更深层次的交流或测试变得毫无必要，比如综合各种问题、记住先前的答案，或根据新的证

---

[1] 聊天机器人用于模仿一些每天都会发生的对话，已经有一定的历史了。ELIZA 是它们中最有名的，由约瑟夫·魏泽鲍姆（Joseph Weizenbaum）发明。魏泽鲍姆后来对人工智能持批判态度。

据改变先前的陈述。

如果说雷丁大学的图灵测试结果比预期的要好一点（一些机器确实愚弄了一些评审），那原因很可能是部分评委问了一些信息不充分的问题，比如，你是计算机吗？你相信上帝吗？这表明，是评委而不是计算机忽视了这场测试的两个基本要点。

- 第一，鉴于交流时间很短，答案应该尽可能地包含更多信息，也就是说一个人应该能够从获得的信息中最大化地提取有用信息。这条规则也同样适用于于 20 个问题的测试游戏：每个问题都要能引导出跟你目前的信息状态差异很大的答案，且差异越大越好。但是从上述例子看来，要么 YES、要么 NO 的答案绝不会给你任何启发，就像问跟你交流的另一个人是谁一样。这是在浪费子弹。

- 第二，问题一定要能挑战跟你对立的语义机器。所以，一些类如"你今天做了什么"或者"你靠什么谋生"的问题是毫无用处的。只有交流者真正理解了一个问题的意义、背景和隐含意义，这个问题才有可能获得越多的答案，它也就越有可能成为一个有意义的问题。

你可能会争辩说那是在 2008 年。虽然外界环境发生了很多变化，但机器人却没有。史蒂夫·沃斯维克（Steve Worswick）是聊天型机器人 Mitsuku 的发明者，由于他发明的机器人最具人类特征，他赢得了 2013 年的勒布纳人工智能竞赛铜奖（奖金 4 000 美元）。银奖（25 000 美元奖金外加银质奖章，要求是该项目要能骗过两个或更多的评委，而不是两个或更多的普通人）还从未有人获得。金奖目前也还没有出现过。你不一定非得相信我，你只需要在线做一下这个测试，就能明白人类在这方面几乎没有任何进展（在线测试的网址为 http://www.mitsuku.com/ ）。以下是我最近做过的一次测试的对话记录。

我：人们拿一双鞋可以做些什么？

计算机：很多事。

我：比如说……

计算机：比如，土豆。

我：还有呢？

计算机：这是我目前知道的所有事情。

我：以下句子错在哪里？法国的首都有 4 个，分别是 3、里昂和马赛。

计算机：怎样可以形成自助团体？

我：你确定？

计算机：我以前做事很不果断，现在我也不确定了。

我：谢谢你，计算机。

计算机：不用谢。顺便问一问，你的计算机是什么型号的？

语义，人机间的一道门槛

类似于 Mitsuku 这样的聊天机器人表明，为了获得智能行为，无论什么样的信息处理都是必要的，只是它仍然未能获得智能行为。我们能就它进行编程吗？如果能的话，我们可以用图灵测试来测试它。尽管人们已经对人工智能进行了半个多世纪的研究，然而能否对它进行编程，现在还只是人们的猜测或信念。有一件事是明确的：信息处理有助于解释为什么现在的人工智能系统整体上要比瓶中的黄蜂蠢得多。现在的技术实际上还不能处理任何有意义的信息，它们不能作用于"语义"——所使用的数据的意义和对数据的理解。信息与通信技术被错误地命名为"智能武器"。如果你觉得这让人有些困惑，那么请看看下面的例子。

黄蜂能成功地进行导航。它们能绕着花园找到自己的路线，并避开障碍物，采集食物，或对抗、逃离其他动物的捕食，甚至能进行有限的合作等。这些已经远远超过了目前的人工智能系统。事实上，至目前为止还没有能成功做到所有这些事情的机器人。这一点很重要。**有时我们会忘记，最成功的人工智能系统往往拥有根据其局限性特定设置的周边环境。**

　　机器人割草机就是一个很好的例子。正如它们的名字所表明的，它们是能自动割草的机器人。它们就跟你家里的老式冰箱一样笨拙。为了使它们能正常地作业，你需要根据割草的范围设置一圈边界。机器人割草机可以利用这个边界来定位草地的范围，并且有时还会定位充电桩的位置。

你需要改变机器人周围的环境来确保机器人能够与它周围的环境顺利沟通。同样，如果往互联网中增加人工智能，你会发现这些智能体能很好地适应互联网的环境。实际的困难是，要解决不可预测的环境问题，外围环境可能也充满了各种陷阱和其他合作性或竞争性的智能体。**这就是所谓的框架问题（the frame problem）：一个情境型智能体怎样代表不断变化的环境并与之进行长期有效的交流**。没人知道人工智能怎么解决框架问题，因此常常需要进行人工干预，就像火星上的机器人需要人工干预一样。我们与运行最成功的人工智能的关系，也仍然有些尴尬。

现在让我们想一想怎样解释人工智能的失败，即其在信息处理能力上的不足。我们目前所用的计算机——不论何种构造、外形如何、第几代，模拟的或是数码的，序列型、分散型或是平行式的，任何数量的处理器和RAM（随机访问内存）、任何存储容量，植入式的、情景化的、仿真的还是理论型的，都不能处理更有意义的信息，而只能处理一些不被人理解的数据。这不是哲学层面上的吹毛求疵。数据仅仅是实际差异和个体的不同模式。无论对数据进行了怎样的分散和整合，它们未被理解且会一直保持原样。现在，我们都以布尔型（Boolean）术语称呼数据——即1对0、高压对低压、有磁对无磁、向上旋转的电子对向下旋转的电子。当然人工设备也能很好地监测和记录模拟数据。关键不在于词汇的二元性，而在于数据字符串能或多或少地更改一些规则并进行组合这一事实，这样一来，计算机就能够通过各种算法同时成功地处理数据和规则。计算机并不需要懂得事情怎样进展的道理。所以，无论何时，有问题的行为都可以简化成物质的转化、编码、解码，或根据一些固定的规则（即所谓的语法）来改变未被理解的数据的模式，这样计算机就有可能正常运行。

这就是为什么计算机经常被形容为纯语法机器。"纯语法"（purely syntactic）是一种比较级的抽象说法，就像"虚拟脱脂"这个词汇一样。也就是说，具有存在意义的信息的细枝末节可以被忽略，而不是说它们完全不存在。事实上，计算机可以处理很基本的差异。它们能将身份检测成平等性（这个记忆细胞和那个记忆细胞一样），还能将差异检测成相关项目之间仅仅是缺少身份而已（这个信号不同于那个信号）。但是，计算机不能检测各种实体的语义特征及其之间的关系。普遍认为，这种对于身份和差异的检测已经成了一种典型语义行为。因此，将计算机称作语义机器旨在强调差异是如此之小，以至于不能产生任何相同的理解。它们只能被用来确保对规则友好型数据的有效利用。计算机还是唯一存在的典型语义行为，即目前可预测的计算机能够被视为"认知系统"，任何"语义大挑战"都更加类似于"不可能完成的任务"。除非像我前面提到的那样，我们能将环境和面临的困难营造得更加计算机友好型一点，也即将"语义"从"大挑战"中去除，关于这一点我会在下文中详细说明。

当问题的解决方案要求成功地进行信息处理，也即处理格式规范且有意义的数据时，问题马上就会变得难以克服。主要障碍在于语义。数据如何才能获得意义？在人工智能中，这被称为"符号接地问题"（symbol grounding problem）。通过有效策划的方式来解决这一问题，是解决框架问题的关键一步。然而，我们仍然不清楚动物，包括与我们相近的灵长类，具体是如何解决符号接地问题的，更不用说画出物理上可实现的路径蓝图了。但我们确实知道，处理有意义的信息正是人类这样的智慧智能体所擅长的。而因为太过擅长处理有意义的信息，正常智力水平的人类似乎被自己所处的语义空间紧紧包裹起来。严格来说，我们并不能有意识地认识到完全无意义的数据。也许在非常特殊的场景下，真实地感知完全未经翻译的数据是有可能的，但这并非一种常态，并且也不是一个可以持续进行的、有意识的过程。**我们从来不是孤立地接收纯粹的数据，而往往是在有上下文的语境中接收它们，因此我们会不可避免地赋予数据一些意义。"原始数据"指的是未经专业处理和解释的数据，而不是未经任何翻译的数据。**

在我们与机器之间有一道语义门槛，我们并不知道如何才能让机器跨过它。的确，我们对自己建立连贯的、被成功信息化的叙述的过程所知甚少。如果这是事实，那么人造智能体和人类智能体就属于不同的世界，而且可以预期它们不仅技能不同，还会犯下不同种类的错误。"华生选择任务"（Wason Selection Task）提供了一些这方面的证据。

> 想象下有一套卡片，每张卡片的一面标有字母，另一面标有数字。你看到了以下 4 张卡片：E、T、4、7。如果你被告知，一面是元音字母的卡片背面的数字是偶数，那么你会翻开哪几张卡片（越少越好）来验证这个规则是成立的？

在你思考这个问题的答案时候，知道受过教育的人中大约只有 5% 的人给出了正确答案也许会给你一些安慰。正确的答案是 E 和 7 两张。回答这个问题的部分困难似乎是由于符号的本质未被解释。类似的问题,换一种表述方式(规则是:如果你借了我的车,那么必须给它加满油;4 张卡片是:借车、不借车、满油箱、空油箱),大多数人都能答对。对于换个说法之后问题为什么会更容易,有许多种解释。但几乎所有解释都假定,人类能更容易地处理有上下文的语境信息而不是一串未被解释的数字。然而,对计算机来说这两者并无差异,因为它都是通过分析句法构成来获得正确答案的。这个测试提示我们,**智能行为更依赖于理解含义而不是对符号句法的处理**。同时,尽管两种途径都可以简单、高效和成功地实现同样的目的,基于语义和句法的智能体却可能犯下不同的错误。我们并不善于处理"华生选择任务"这样的问题,而计算机也不善于处理框架问题。

所有这些都不重要,尽管人类棋手与人工智能棋手还是经常被比较。1965 年,苏联数学家亚历山大·克隆罗德(Alexander Kronrod)评论说,国际象棋是人工智能的果蝇。如果人工智能尝试通过计算机学习并以人类的方式下棋,来赢得棋王赛,这也许还是个可接受的观点。但情况并非如此。国际象棋更像是一个转移注意力的话题,并造成了一些概念上的混淆。

对人类棋手来说,下好国际象棋要求很高的智力,但如果用计算的方式来下则不需要。1997 年,当 IBM 的深蓝计算机战胜世界冠军棋手加里·卡斯帕罗夫(Garry Kasparov)时,对传统人工智能来说无疑是一次付出巨大代价换来的胜利。深蓝只是一个优秀的句法引擎,它拥有强大的记忆能力、运算能力和精细的硬件,但它并没有智能。或者换句话说,它只有与口袋计算器同等程度的智能。这一特点如此明显,以至于人工智能之父和人工智能可实现性的坚定支持者约翰·麦卡锡(John McCarthy)立即意识到,深蓝更多地展示了国际象棋的本质而不是人类智能行为。麦卡锡正确地指出了人工智能对原始想法的背离，但却得出了错误的结论。与他的建议相反，人工智能不应当尝试模仿人类智能行为，而应当尝试模拟智能行为的结果。我将在下一个部分解释这一点。

两类人工智能的故事

人工智能研究试图再生人类智能行为的结果，并创造出与人类智能行为相当的智能。当兴趣点聚集于再生智能行为时，人工智能作为工程学的分支获得了令人惊叹的成功。如今，人类越来越依赖于同人工智能相关的应用（智能技术）来完成众多任务，如果只靠独立的或精简的人类智能，这些任务或许根本无法完成。再生人工智能在前所未有的众多领域常常会超越和取代人类智能。丹麦计算机学家艾兹格·迪科斯彻（Edsger W. Dijkstra）的著名评论——"机器是否能思考，与潜水艇是否能游泳的问题很像"，暗示的就是再生人工智能共享的应用方法。下次你坐飞机时，如果再遇到颠簸的降落，记住这可能是人类飞行员在操作飞机，而不是计算机。

然而，当兴趣点聚焦于产生智能时，多产人工智能作为认知科学的分支却令人失望。它不仅没能超越人类智能，甚至没能加入竞争圈。如今，机器智能还停留在烤面包的程度，而且我们对于如何改进这一点毫无线索。当你的计算机屏幕上跳出"找不到打印机"的警示时，你可能会稍感不快，但并不会惊讶，虽然有问题的打印机就放在计算机旁边。2011 年，IBM 能回答用自然语言所提出问题的超级计算机 Watson 战胜人类对手赢得益智类问题游戏节目《危险边缘》（*Jeopardy!*）这一事实，只是展示了人造智能可以很聪明，但却没有智能。数据挖掘者并不需要智能来获得成功。

人工智能的两个"灵魂"（工程学和认知学）在智力优势、学术权力和财政资源上常常相互竞争。一部分原因是它们拥有共同的由来和同一个智能传承：同样的诞生事件（1956 年达特茅斯夏季人工智能研讨会）和同一个"父亲"（艾伦·图灵，包括他的计算机及其计算局限，以及他著名的图灵测试）。那些旨在用来检验模拟的来源是否已经被生成，或者只是匹配或超越了此类智能来源的行为或表现的模拟，似乎并没有什么用。

人工智能的两个"灵魂"的名字很多，而且并不总是一致。有时候是弱人工智能与强人工智能，或是好的老式人工智能与新的 / 新式人工智能，它们能被用来描述两个"灵魂"的差异。我更喜欢用造成更少误解的轻人工智能（light AI）与强人工智能（strong AI）之间的差别来描述。两者目标和结局的不同导致了无休无止的，但大多毫无意义的诽谤。人工智能的辩护者着力于再生、工程学人工智能的强大结果，这正是弱人工智能或轻人工智能的目标；而人工智能的诽谤者着力于多产、认知人工智能的弱产出，这是强人工智能的目标。许多毫无意义的对特异事件的推测（有一天人工智能会超越人类智能的理论边界），其根源都在于这种误解。

如今，模拟仿真和功能主义不能混为一谈，因为同样的功能（剪草坪、洗盘子、下象棋）由不同的物理系统来完成。仿真与结果是联系在一起的：经由完全不同的策略和过程，互相模仿的智能体会得到同样的结果（草坪剪好了、盘子洗干净了、游戏赢了）。结果并不由过程所决定。这种对结果的强调在技术上颇为引人入胜且非常成功；它是信息与通信技术在我们的社会中不断扩张的见证。不过，它的哲学内涵却让人昏昏欲睡，总结起来也不过是"错综复杂"。这会成为我们对人工智能哲学的兴趣终结点吗？我认为完全不会，至少有两个主要原因。

第一，通过尝试绕过语义门槛并从硬件和句法中"挤出"一些信息过程，人工智能开辟了大量而广阔的研究领域。这些领域在观念上挑战着人工智能自身的权利，同时它们也是与人工智能的潜在内涵和应用相关的有趣观念。这些创新一部分被称为新人工智能，比如安置好的机器人、神经网络、多智能体系统、贝叶斯系统、机器学习、细胞自动机、人工生活系统，以及很多不同的专门逻辑等。一旦你接触到这些领域，许多观念问题和科学问题看起来就不再一样。

第二也是最重要的一点是，为了避开之前提到的分歧（工程学 VS. 认知学、仿真 VS. 模拟），我们必须意识到，人工智能不能被简化为"自然科学"或者"文化科学"，因为它是一门"人工科学"。这也正是诺贝尔经济学奖得主赫伯特·西蒙（Herbert Simon）的观点。**人工智能既不追求通往世界的描述性方法，也不追求规范性的途径。它致力于探究在我们所生活的世界上建立和嵌入人造智能并与之进行成功交互的限制。**换句话说，它旨在记录世界，因为这样的人造智能是一些新的逻辑数学代码，也就是伽利略的有关大自然的数学书中所说的新文本。这种记录世界的过程是我们在第 2 章中所说的构建信息圈的一部分，它对我们更好地理解世界正在发生的变化非常重要。

4 TH
THE
REVOLUTION
智能新趋势

How
the Infosphere Is
Reshaping
Human Reality

让环境适应智能

　　直到最近，普遍盛行的观念仍然以为，往大自然的"数学书"里添加内容的过程需要多产人工智能、认知人工智能，也就是强大的程序。毕竟，哪怕是建立一个初级形式的非生物智能虽不是最佳的方式，但可能是唯一的方式，以让信息与通信技术充分适应并灵活高效地处理复杂、不断变化的，并且难以预测且不友好的环境。笛卡儿所认可的智能的必需标志（从不同状况中学习的能力，适应环境，并利用环境来为自己的优势服务的能力），将是所有试图不止步于"聪明的"设备的无价特性。

　　这样的观念并没有错，但它会分散我们的注意力，因为当我们不能成功地将强大的、多产的人工智能记录在这个世界里时，我们实际上是在改变世界，以适应轻人工智能、可再生人工智能的要求。信息与通信技术并没有在变得更聪明的同时使得我们更愚蠢。相反，世界正变成一个越来越适应信息与通信技术有限能力的信息圈。回想一下我们是如何设定边界以确保机器人割草机能安全而成功地修剪草坪的。类似的，我们也在使环境适应智能技术，以确保后者能与世界成功进行交互。换句话说，我们正是在给世界设定边界。

How the Infosphere Is Reshaping Human Reality

4TH

THE REVOLUTION

07

智能体
| 为世界设定边界 |

信息与通信技术带来的最深层次的哲学问题是，它们怎样引导人类重新理解我们是谁、我们应该怎样与彼此互动。人类智能设计在影响未来人们的相互关系中起着重要的作用，它们或者通过即将发明的技术产品，或者通过人类和机器之间的互享信息，来影响相互之间的关系。

一个人机友好的新世界

在工业机器人领域，界定一个机器人正常运转边界的三维空间被称作"机器人边界"（robot's envelope）。在第 2 章中，我曾讲到我们的一些增强技术（比如洗碗机和洗衣机），它们之所以能完成任务，是因为周围的环境是围绕着其简单的能力而设计的。我们不会设计一个同《星际迷航》中 C-3PO 一样的机器人，并让它完全像人类那样去洗碗。我们为简易机器人设计它们能够适应并发挥有限能力的微观环境，以实现我们的预期。拉伸工艺通常比冲压工艺费时间，这是因为很难设定正确的"边界"。

以往，"设定边界"要么仅仅是一种独立的现象（你购买的满足特定需求的机器，比如洗碗机或洗衣机），要么是在工业厂房里进行，该工业厂房正是基于它们的"人造居民"而精心定制的。现在，将环境"包装"成一个信息与通信技术友好型的信息圈，在现实生活中司空见惯。尽管我们还没有完全意识到，但 10 多年来我们就已经生活在信息与通信技术"包围"的这个世界。事实上，你可以将第 1 章中提到的各种定律理解成各种指数——它们表明我们是怎样如此快速地改变着这个世界。在 20 世纪 40 年代和 50 年代，计算机还是一间房子，爱丽丝"走进"它并和它一起工作。编程意味着使用螺丝刀，人机交互还是一种身体关系（a somatic relation）。在 70 年代，爱丽丝的女儿"走出"计算机，站在它的前面。人机交互变成一种语义关系（a semantic relation）。后来 DOS（硬盘操作系统）、数行文本、GUI（图形用户界面）和图标等，使人机交互变得更为便利。现在，爱丽丝的外孙女又以一种围绕着她的整个信息圈的形式——这种形式通常是无形的，"走进"了计算机。人机交互又变回身体关系，只是现在出现了触摸屏、语音指令、听力装备、动作感应应用、位置代理数据等。

娱乐和军事领域的应用通常会驱动创新。微软的 IllumiRoom 就是一个很好的例子。通过将一个 Kinect 摄像头和一个投影仪连接起来，它能扩宽电视周围的区域，进而增强人们玩游戏和看电影时的代入感。整个屋子仿佛变成了你走过其间的森林，或者变成了你驱车经过的城市，你面前的屏幕则变成了一个更加模糊和次要的现实的缩影。这是不是人机交互的一个里程碑已经无关紧要，或许我们第二天就会完全忘记这个项目的细节。但方向很清晰，我们只需心无旁骛地追寻。如果无人驾驶汽车不会给人类带来麻烦；如果亚马逊在未来某天能够使用无人机送货，那这也不是因为人工智能最终达到了顶峰，而是因为它们周围的环境已变得更加适应于简易人工智能及其有限的能力。比如，由美国国防部高级研究计划局（DARPA）主导的无人驾驶汽车挑战赛项目所取得的跨越式成功就很好地说明了这点。

目前，我们还没有掌握熟练的语义技术。但是记忆却比智能更为持久，所以这并没有多大关系。数据如此之多，分散的相互交流的信息与通信技术系统也是如此之多，很多人加入进来，有如此多优良的统计和计算工具可供使用，以至于仅仅是纯句法的技术就能避免语义和理解的问题，并能达到我们所期望的目标。比如，一篇译稿、一个地点的正确图片、你喜欢的饭馆、一本有趣的书、一首对我们口味的好歌、一张优惠车票、一次有趣的讨价还价、一个我们自己都不知道需不需要的东西，等等。确实，我们现在面临一些问题，特别是在电子医疗、金融市场等领域的安全、安定和冲突等方面，它们已经在充满边界的世界凸显出来。所有相关的数据（有时只有一种数据）在这样一个世界中被频繁地由计算机进行处理，一些能够执行指令和相应程序的应用设备和执行器也能自动作出决策和采取行动，它们能运行从警告或扫描病毒到买进卖出债券等各种各样的指令。这样的例子可谓不胜枚举。

共享，人机关系新模式

为世界设定边界使其成为一个信息与通信技术友好型环境的结果之一是，人类可能会不自觉地成为这个机制的一部分。这个道理非常简单。有时一些信息与通信技术需要理解并处理发生的事情，所以它们需要我们这样的语义引擎来完成这部分工作。这种相当流行的趋势叫作"人本计算"（human-based computation）。以下是一些例子。

你很可能做过 CAPTCHA（Completely Automated Public Turing Test to Tell Computers and Humans Apart，全自动区分计算机和人类的图灵测试），并且通过了该测试。该测试表现为一系列稍有变化的字符串，或许还混合着其他图像的比特，你必须通过解密它们来证明自己是人类而不是人工智能，比如，当你在维基

百科上注册新账户时。有意思的是，使计算机 A 成功愚弄计算机 B，并相信计算机 A 是人类的一个好方法是，使用大量的人类操作者来作为应付 CAPTCHA 的语义引擎。将计算机 A 与计算机 B 连接，相关的信息比特的总量就会变大（比如说在维基百科上注册新的账户），然后将 CAPTCHA 转播到一群人类操作者之中，这些操作者被计算机 A 诱导以奖励作为回报来解决测试问题，他们并不知道自己已经被操控了。色情网站就经常使用这一招。CAPTCHA 的意义就在于，在提到的例子中，我们让计算机要求人类操作者证明它们并不是人工智能。

下一步就是"reCAPTCHA"：机器要求人类操作者作为语义引擎为它们工作。这个理论是由路易斯·冯·安（Luis von Ahn）提出的，他和曼纽尔·布卢姆（Manuel Blum）一起设计了原始的 CAPTCHA 系统。"reCAPTCHA"其实很简单：与要求人类破解毫无意义的字符串不同，这些字符串现在是有意义的文本字节，是机器解密不了的。人类操作者现在有两个任务：他们首先要证明自己是人类，并且还要将机器不可读的文本数字化（如果有 1 个以上的人类操作者提供建议，那么正确的读数就会被记录下来）。人工智能已经以这种方式使超过 10 亿的用户将书籍进行了数字化。2013 年，这个系统一天处理的文字达到了一亿字，相当于一年处理两亿本书籍，一年估计能创造将近 5 亿美元的价值（即假设把这项工作外包给人类所花费的成本）。

"人本计算"另一个成功应用是"亚马逊土耳其机器人"（Amazon Mechanical Turk）。这个名字来自于沃尔夫冈·冯·肯佩伦（Wolfgang von Kempelen）在 18 世纪末期制造的著名的会下象棋的机器人。"亚马逊土耳其机器人"在战胜名为"拿破仑·波拿巴和本杰明·富兰克林"的机器人，并和知名棋手法兰索瓦·菲利多（François-André Danican Philido）上演了一场精彩对弈后，名声大噪。但这事实上只是一场假戏，因为这个机器人有一个特别的隔间，一个人类棋手藏在隔间里操控它的动作。"亚马逊土耳其机器人"也耍了一个类似的小伎俩。亚马逊公司将它描述为"人造的人工智能"。它是一个众包的网站服务，它使所谓的"命令发出者"利用被称作"命令执行者"（更正式的称法是"土耳其人"）的人类智能来执行任务，这些任务就是人们熟知的 HITs（human intelligence tasks，人类智能任务），它们是现在的计算机所无法执行的。一位"命令发出者"贴出 HIT 任务，比如转录音频或标注出一部电影里的负面内容（这是两个很实际的例子）。"土耳其人"可以在已有的 HITs 中浏览、挑选和完成任务，然后领取"命令发出者"提供的奖励。"命令发出者"可以是位于美国的一些个人，"土耳其人"则可以是遍及全球的任何人。"命令发出者"在分配一项 HITs 之前，可以考核"土耳其人"是否符合某些资质。他们也可以接受或拒绝"土耳其人"发过来的结果，这样就可以体现后者的名气。

2012 年，美国共和党总统候选人米特·罗姆尼（Mitt Romney）宣布如果他能获胜，他将减少公共广播上的政府支出，他指的是"Big Bird"（美国照相侦察卫星）。这显然是一条政治言论，罗姆尼指的可不是《芝麻街》（Sesame Street）中的大鸟先生，但是仍需要靠观众的评论才能确保当有人在 Twitter 上搜索"Big Bird"时，正确的信息能被检索出来。Twitter 的工程师们后来写道，"人类是这个系统的核心"。这句话的意思很好理解。信息与通信技术的"核心部分"是其他人会怎样看待我们。我们的评级和排名活动也被用来提升一些信息与通信技术的性能。举个例子，有人可能会想到 Klout——一项线上服务，可根据用户在线上的社会影响力，通过社交媒体分析来对用户进行排名。对最近一本关于 Klout 的书的标题进行释义，一些热情的消费者已经被转化成了强大的市场力量。其他一些智能系统对人脑进行有效的利用的例子也不胜枚举。"以人

为核心"很可能会成为下一个口号。成功的公式很简单:**智能机 + 人类智能 = 智能系统。**

我们喜欢评级和排名是因为它很有趣,还因为它把伴随日常选择的不愉快的疑惑也带走了。它是一条智力上的捷径,能使你心情轻松("乔治·W. 布什曾说过的最令人尴尬的事情是什么?"),或使你能更加平顺地绕过生活的弯路。"这是这个价钱能买到的最好的冰箱"这句话的意思不能再直白了。排名曾是朋友之间在酒吧或其他社交场合就能完成的事,但是现在,网页无疑是排名爱好者的绝佳去处。我们可以接触到全世界的信息,利用整个信息库,不再错过任何感兴趣的事物。网页排名已将口碑从口耳相传变成了借由鼠标传播。**因为有了轻松透明的网络环境,人类的社会图景变得不可思议地丰富和多样,人们有充足的时间可以花在追求最极致的排名体验这个特别的兴趣上。**目前,确实有很多网站热衷于这项兴趣,所以我们需要借助元搜索引擎来追踪它们的踪迹。

当然,评级要先于排名,但究竟是群众的大力推荐还是大众投票,抑或是专家的灵指一动,或权威好评对评级的贡献更大,是不确定的。当谈到评级时,我们经常相信大众趋势,而且很少会逆势而行。这就让我们选择什么时候去咨询专家变得很困难。将人们的各种选择都看成是问题可能于事无补,但是现在大多数像亚马逊这样的网站都会给用户提供表达和对比他们评级的机会。这显然是一个很好的做法,因为这样一来,用户的参与互动更强了,而且用户给出的建议通常也是很实用的。我们也不可避免地会对我们想要信任的内容进行排名和评级(比如,亚马逊规定在前 1 000 名的评论者要么是实名要么是实际购买者)。从所有这些类似的案例中得到的反馈包含大量信息,每个说法都可能有所不同。这些评论的内容来自于不同的人,他们或有过相同的经历,或买过这个物品,或享受过这项服务，或在这家酒店留宿过，或经历过类似的租车服务。最好的结果就是，建言献策者可以通过分享并传递他们的经验，以帮其他人省力省钱。

智能前沿

例如 Download.com 网站，你可能会更相信用户的评价胜过专家的评估，因为你明白用户和你是同一类人，一旦软件安装成功，你们就会一直使用。但最重要的是，在本章的背景下，我们花费的大量时间以及对自己遇到的几乎所有事物进行评价和排名，对于既聪明又笨拙的信息与通信技术以更有意义的方式影响这个世界是必不可少的。我们的这类行为使为世界设定边界成为一种不断强大、不断积累和日趋完美的趋势。不断出现的各类标签、更多"在线人权"、更多文件、更多互相交流的工具、更多探测器、更多射频识别标签、更多卫星、更多执行器、更多从任一系统转换而来的数据，用一句话来说就是更加"边界化"。

总的来说，所有这些对未来的简易智能和智能技术来说，都是好消息。在我们进行信息圈扩张的每一阶段，它们的用途和成功也会呈指数级增长。这和奇异的科幻情节没有一点关系，因为它并非基于在不久的将来一些超人工智能会攻占地球这类假想。就我们目前可预见的对人工智能和运算的了解而言，上述情况完全是不可能出现的。尽管不可能会有虚拟的斯巴达克（Spartacus，奴隶起义领袖）来领导大型信息与通信技术暴动，但"为世界设定边界"这个过程会带来一些挑战。

为了更好地介绍我所想到的一些挑战，我想举例来说明。

假设 A 和 H 两个人结婚了，他们都希望两人的婚姻关系能够和睦长久。干更多家务活的 A 不懂变通、固执己见，见不得别人犯错误，且拒绝改变。而 H 则正好相反，而且 H 变得越来越懒，也越来越依赖 A。其结果就是两人关系的不平等。A 虽不是有意为之，但最终的结果却是 A 事实上影响着这段关系，而且这也会扭曲 H 的行为方式。如果这段婚姻能够长久，那正是因为出于 A 的谨慎经营。现如今，简易人工智能和智能技术就像在扮演着 A 的角色，对应的，它们的用户则很明显在扮演着 H 的角色。通过为世界设定边界，我们面临的挑战是：**技术可以影响我们的外界世界和精神世界，强制我们作出改变以适应这两种环境，因为这是最好、最简便的且有时也是唯一有效的方法。**最终，简易人工智能就会变成那个愚蠢但付出更多的配偶，人类则会变成那个聪明但却懒惰的配偶。而如果没有离婚这一选项，那么又会是谁去适应谁呢？读者可能会想到很多实际生活中的例子，即当我们以蠢笨的方法做事情但很多事情根本就做不好时，但它们却是使该运算系统运作起来的唯一方法。

还有一个更具体、更简单的例子：我们建的房子都有圆形的柱子和高脚家具，这些高脚家具的腿要足够长才能容纳像是 Roomba 这样的机器人吸尘器。我真心希望我们的房子能对 Roomba 更加友好一些。这个例子不仅表明信息与通信技术拥有的创建、改造周围环境和塑造世界的能力，也表明了信息与通信技术技术可能会给我们带来的机遇。

从圆顶建筑到中世纪塔楼再到凸窗，在我们生活中有很多改造过的"圆形"区域。要是我们把大部分时间都花在方形建筑里面，那我们这样做的理由是有另外一套技术，其同砖材和混凝土等基建材料的大量生产、直线切割的减少和建筑材料的整合有关。矛盾的是，直角是由机械圆锯锯出来的。这两个例子中，方形和圆形东西的制成都是受当时占主导的技术所影响，而不是受这些工具潜在用户的选择所影响。我们可以很容易地从这个例子中看出技术力量是以怎样的形式呈现各种机遇的：拒绝、批判性接受和主动性设计。**对可以改变环境的简易人工智能和智能信息与通信技术应用潜力的批判性认识，我们或许会拒绝最糟糕的扭曲形**

式，或者至少可以在思考更优的设计时有意识地容忍它们，特别是与之无关的设计或者当只有一个暂时的解决方案时。在后一个例子中，设想未来会是怎样、技术会给人类用户带来怎样的适应性需要，将有助于想出降低人类成本和提升环境效益的技术性解决方案。总之，未来人类智能设计（这里是双关语）将在影响人们相互关系的过程中起着重要的作用，它们要么通过即将发明的技术产品，要么通过我们人类和机器之间的共享信息来影响相互之间的关系。

当这些智能系统并不只是一些本该在人类完全没有注意或参与其中时，使人类生活更加简便的三级技术，所有这些问题都有一个不可避免的本质。它们实实在在地植根于交互式陪伴中，并和我们分享我们日常生活的喜怒哀乐。这正是下一节中的内容。

智能陪伴

莎士比亚在他的作品《无事生非》（*Much Ado About Nothing*）的开头这样写道，碧翠丝问："谁是他现在的伴侣？"现在看来，这个问题的答案显然是人工智能。

智能陪伴（artificial companions，ACs）有各种形式。早一点的例子有无线超可爱聪明兔 Nabaztag、治愈型机器人海豹幼崽 Paro、孩童大小的类人机器人 KASPAR、交互玩具波丽宝宝（Primo Puel）等。最近，这些机器人又获取了更多的软件特性，比如可订阅软件服务的 GeriJoy 应用（一款虚拟化身应用软件）。

简易智能陪伴的第一代是种类不断增加的应用于卫生保健、工业、商务、教育、娱乐和研究等领域的智能媒介的一部分。现在，已经有很多可用于改进这些智能媒介的技术性解决方案。**但问题似乎不是这些智能陪伴能否成为大规模生产的商品，而是它们什么时候才能成为大规模生产的商品。**我们仍然面临很多困难，但它们并不是不能克服的，而且我们对于这些困难也了解得很深。智能陪伴就像是具象化的嵌入型人工智能（有时它们只是平板电脑 App 中的虚拟化身，大部分时候则是机器人）。它们有望具备一定程度的语言识别功能、自然语言处理能力和社交能力，这样它们就能成功地同人类用户进行互动；具备一定的信息处理功能（正如前文所说，它们虽然不懂意义，但却能处理数据），这样它们就能帮助用户处理日常的信息需求；具备一定的自主能力，也即一定的自发性的自我管理能力，这样它们就能采取以结果为导向的行动；而且，它们还要具备一定的学习能力。

自 2000 年以来，日本最大的综合性娱乐公司之一万代公司（Bandai）已经售出超过 100 万件的波丽宝宝，有意思的是，该公司也是宠物鸡 Tamagotchi 的生产商。智能陪伴是一个技术上非常成功的实例，因为它们在强人工智能方面取得的进展并非不可预见的结果，而是"深蓝"的社会性对等物：它们可以处理交互型任务，尽管它们拥有闹钟功能这类智能功能。此外它们还具备哲学层面的重要性，因为它们既不是阿西莫夫的机器人，也不是超智能计算机 HAL 的孩子。

在思想实验和自然猜想之外，它们设定了具体的哲学性的问题：信息智能什么时候才会成为人们的伴侣？智能陪伴是否比孩子的玩具或老年人的金鱼更好？如果这是能实现的交互设计层次和领域，那么一个智能陪伴确实要比金鱼更重要。如果我们更看重一项物品能够唤起和满足的情感需求，那么旧的芭比娃娃也能视作和智能陪伴一样的伴侣。如果允许人类同宠物一样的智能陪伴建立社会联系，那么从道德方面来说，会不会有什么东西是不对的或是令人费解的，又或者会有一点悲哀？网上有很多视频会让人产生这种想法，但是为什么和活生生的宠物建立社会联系就不会让人这么觉得呢？还是说，智能陪伴的非生物特性才是使我们感到畏缩的原因？答案或许是如此，但是对于像笛卡儿这类人（他们确信动物就是机器）来说却不是这样，所以他们认为，拥有像智能陪伴一样的宠物与拥有真正的宠物之间并没有太大区别。这些并不是随便提出的问题。

我们怎样回答这些问题以及随之而来的我们将怎样建立、概念化、同智能陪伴交流，将会影响到未来我们处理人类需要的能力，并关乎我们的愿望是否切实，因它们这会对我们未来的生活标准和相关的经济问题产生重大影响。举个例子，在 2011 年，仅美国的宠物开销就达到了 500.84 亿美元。因此，全民在心理上接受并拥有这种大有裨益的智能陪伴，将无疑会极大地改变这种现状。

人们经常有这种观点：如果智能陪伴能以较低的成本给老年人带来满意的陪伴，它们就会变得越受欢迎。这种观点是对的，并让人备受鼓舞，特别是对于那些拥有大量高龄人口的国家，比如日本和欧洲的部分国家。

然而，我们应当谨记，未来的老年人口并不会成为"电子移民"，而会是数码时代的子孙。他们将属于 X 世代、Y 世代或 Z 世代。他们的需求和期望将与见证大众传媒快速发展的那一代人大相径庭。这里我借用游戏行业来说明我的猜想。2012 年，美国家庭平均拥有至少一个控制端口、电脑或智能手机来玩视频或电脑游戏，49% 的美国家庭拥有专用的游戏控制端口。游戏玩家的平均年龄从 36 岁下降到了 30 岁，我猜原因大概是智能手机和平板电脑游戏的爆发式增长，其中年龄不到 18 岁的游戏玩家占到了 32% 的比例，年龄在 18~35 岁的游戏玩家占到

31%，年龄在 36 岁及以上的玩家占到 37%，他们玩游戏的时间通常都在 15 年之上。当 X 世代和 Y 世代年变得老体弱时，也并不意味着他们已经丧失了使用信息与通信技术的能力，只是他们需要帮助，就像只要有眼镜，一个人还是可以毫无障碍地进行阅读一样。因此，他们应该会欢迎以智能陪伴形式出现的个人助手的帮助，智能陪伴可以作为他们同世界其他地方进行联系的一个界面。智能陪伴的开发应该更多地关注智力受损群体而不是电脑白痴。

上述最后一点表明，智能陪伴在长期的过程中可能会朝着定制电脑媒介、专有特定信息任务、跟随其他技术领域已经经历过的趋势这三个方向演化。我们现在已经可以预见到这些趋势。

第一，同宠物一样，智能陪伴将会处理社会需求和人类情感以及娱乐互动的需求，因此也会与电视争夺人类的注意力。这里的一个关键问题是：允许人类和智能陪伴做朋友是否是一个道德伦理层面的问题。我们是否会因为它们的非生物性特征而歧视它们？这个问题为我们理解自己想要成为什么样的人提供了很有意思的观点。或许拥有类似于宠物的智能陪伴根本就不算什么错，毕竟它们在儿童之间已经是很普遍的现象。新宠物出现在了虚拟的宠物网站上，用户可以在这个网站上创建自己的虚拟宠物并与它们玩耍，还可以使用虚拟货币为宠物购买虚拟商品。虚拟宠物网站也是孩子们最"黏"的娱乐网站之一。2008 年 1 月，网络上已经有超过 2.2 亿只新型宠物，这些宠物的主人数量也超过了 1.5 亿人。到目前为止，并没有人对伴侣的非生物学特性提出过任何伦理道德方面的异议，但是其他类似植入广告等问题，早就有用户提出反对了。如果你的成长经历中伴随着新型宠物，那么当你退休独自居住时，有智能伴侣的陪伴就是自然而然的事了。

第二，智能陪伴将会提供以信息为基础的日常服务，在这里，我们是指交流、娱乐、教育、培训、健康和安全之类的服务。就像替身一样，智能陪伴本身也可能会变成与他人和社交媒介进行互动的方式。在这样的背景下，我们遇到的挑战之一是，智能陪伴的实用性可能会增加社会歧视、孤立和数字鸿沟。特别是对于那些有相关需求而又没有条件的个人，幸运的是，他们能够享受到智能陪伴的帮助，比如英国的"机动方案"（Motability Scheme）——其旨在为残疾人提供拥有或出租电动轮椅和代步车的机会，价格也是他们所能够承担的。我们不妨设想一下当这种硬件和一些类似于智能陪伴的应用之间的鸿沟不断缩小的情形。

第三，信息与通信技术在互相交流的时候表现得会更好一些，但是它们仍然会忽略主人的感受。当我们在给卡片穿孔的时候，这几乎不是一个问题。但是，至少从20世纪90年代以来，一些人工智能就开始学习怎样处理人类的情绪，这被叫作"情感计算"（affective computing）。情感计算存在两个最基本的问题：其一，一些信息与通信技术是否可能甚或应该具备识别人类情绪并作出足够的应对的能力；其二，一些信息与通信技术本身是否可能甚或被允许具备处理一些情感问题的能力。

第一个问题涉及人机交互的研究问题。用户的身体状况和行为举止可能会反映这些用户的情感状态，而且，开发能辨识和利用这些数据来激发足够的反应机制的人机交互似乎是个不错的主意。现在，很多应用已经能够屏蔽淫秽的垃圾邮件，减少驾驶失误，倡导健康习惯，提供饮食建议或者指出更好的用户方案。这类人机交互的"鼻祖"是微软公司曾开发出的一款不太被人们知晓的叫作 Clippy 的办公助手。这款办公助手的目的是协助用户，但是却并不被大家喜欢，因此在 2003 年就退出人们的视线。我不太确定自己是否会喜欢能给我带来好处的面包

机，但是我已经准备好接受它的一些优点可能会伤害我的感情。可穿戴信息与通信技术的成功将会进一步增加情感计算的可实施性。

第二个问题涉及是事实还是炒作的问题。 比如，实行最特别的索赔，而这些索赔通常是没有事实根据的，因为它们受限于目前我们对电脑科学的理解和对生理情绪的有限知识。简而言之，原因是我们在智能任务方面很擅长，由于我们同时也投入了情感，所以只有投入一些"情感智能"，人工智能才会有所成就。我希望读者将这看成是"否定式"的（即：如果是 p，就可以推导出 q；如果不是 p，就推导不出 q），但即使不是这样，智能需要情感投入的前提仍需要以一些理由作为支撑。模糊进化论的参照和通常出于礼节需要的反笛卡儿主义都很混乱，且颇让人费解。现在已经有太多的智能产品，它们不需要依赖任何情感或感情的投入就能发展得很好。鳄鱼不会流眼泪，蚂蚁也不会因为蝉的叫声而发恼。一台电脑发热是因为它的冷却系统坏了。希望信息与通信技术在我们不再投入过多情感时，不要变得太过情绪化，这也是随着时间推移我们不得不作出的决定。现在正是信息与通信技术发展和将其"请"出我们精神空间的大好时机。这是第三次技术革命的优势。下一次创新的"大波浪"就是学会独处。

最终，智能陪伴将作为"记忆管家"为主人创造和打理他们的信息库。 这是一个好消息。因为，留下有迹可循的踪迹是一个比较受人欢迎的方法，这样便可以对抗死亡后随之而来的不可避免的被遗忘。现在，我们所有人都可以被人记住一段时间，这是因为我们在记忆 DIY 方面取得的成功。一旦智能陪伴成为商品，这种趋势将会呈指数级增长。我们在第 1 章中已经看到，存储能力正在以令人惊叹的速度增长，而且它的价格也在不断下降。从全球范围来说，这同我们追求生产更多数据的目标并不一致，但是从区域范围来说，在通过利用智能陪伴来记录整个生命过程时，存储将不再是一个难题。有一天，爱丽丝在她还是新生儿的时候就会收到自己的智能陪伴，她会留着它、更新它、修理它，或许还会用新的模型替换它，爱丽丝的一生都被记录到她的智能陪伴里并进行存档。接着，要不了多久一些智能应用便会出现。这些智能应用是基于对某人整个一生的语音、视觉和听觉等方面经历的记录，对其在整个一生中所表达过的观点、品位和语言习惯，成百上千万数字文件等材料的记录。它们将能够对爱丽丝进行模仿，这样人们就能和爱丽丝进行互动，即使是在爱丽丝去世以后，他们甚至都不会注意到或者刻意忽略任何不同。

2011 年早期，美国一些葬礼承办公司开始在墓碑上安装小型的快速反应编码，给参加葬礼的人们提供获得死者生前信息的可能，比如，在线的纪念、讣告或者死者生前的故事。这种买卖来说似乎有无限可能。一部个性化的智能陪伴可以使人"长生不死"。毕竟，一个先进的个性化的 ELIZA 程序（它能使用基于脚本的自然语言处理功能与用户进行互动），就已经能够愚弄很多线上用户（这些用户中的一些人很多年来都试图和 ELIZA 这样的线上智能体进行约会）。

我们的新记忆管家很可能会激化旧的问题，并制造出新的更难的问题。我们所要清除而不是记录的问题（正如已经存在的个人邮件问题）包括：记录内容的安全性和编辑，可用性，可获得性，可转换性，长久性，未来的使用和"重放性"，使用寿命长于人类的智能陪伴的可管理性，关于遗忘的艺术和原谅的过程（想想"后独裁""后种族隔离""后国民战争"文化）之间细微平衡的问题，信息隐私的微妙问题，以及所有这些问题对个人身份和社会身份认同与对组成人类自身根基和过去的影响。上述还只是需要人们谨慎处理的一些问题而已，这些问题不仅

是技术层面的，而且也是教育和心理层面的。

智能前沿

使人工智能系统成为可能的很多智能陪伴和信息与通信技术增加了与信息体（比如人类）之间的互动，特别是在网络上。因此，未来的网络是什么样子将成为专家和技术粉丝们长期关注的问题。随着社交媒体的日趋成熟，在最近得以重塑的工业增加了更多透明度的需要。近年来，有两种截然不同的答案渐渐从喧嚷和嘈杂的市场想法中成型：一种是语义网的支持者蒂姆·伯纳斯-李（Tim Berners-Lee）的想法；另一种则是很容易辨识的支持 Web2.0 的蒂姆·奥莱利（Tim O'Reilly）的想法。区分像人类一样的语义引擎（semantic engines）和像信息与通信技术及智能陪伴一样的语法引擎（syntactic engines）之间如何互动，是一件很有意义的事。那么究竟哪个蒂姆是对的呢？

语义网，下一代网络

蒂姆·伯纳斯-李在 20 世纪 90 年代引入了语义网的概念。20 多年后，要想把语义网简单清晰的定义的（即语义网 3.0）同密集的不切实际的夸大宣传，或仅仅是一些不可信的有伤风化的广告区分开来，已经变得很困难。让我用几段在这个话题上被引用最多的文字来说明。它对于说明语义网的一些浮夸想法很有用。

现在，语义网的大部分内容是设计给人们阅读的，而不是用来给计算机程序刻意模仿的。计算机虽然可以对网页页面的布局和常规处理进行深层次的分析，比如这儿的页眉、那儿的链接，但是总的来说，计算机并没有可靠的处理语义的方法。

语义网会丰富网页页面上有意义内容的结构，创造出一个正好能执行用户各种复杂任务的环境，各种软件智能体能够在页面与页面之间进行转换……它会知道所有的内容而不需要像《2001：太空漫游》中的 HAL 和《星球大战》中的 C-3PO 这样的智能机器人。

语义网并不是一个独立的网页，它是现在版网页（其中信息具有明确的定义）的延伸，它能使人类和计算机之间进行合作……机器将能更好地处理和"理解"它们如今几乎不能接触到的数据。

语义网将能使机器理解语义文件和数据，而不是人类的语言和写作。

所有这一切无疑将带来快速和有意义的阅读体验。它是（或者说是过去 10 多年来）文学在语义网上的代表。但是，它距离万维网联盟（W3C）所称的更谨慎、更简朴的方向还差很远。万维网联盟对语义网是这样描述的：

语义网是一个普通的框架，它使数据在应用程序、企业和社区等不同方面得到共享和再使用……它是基于资源描述框架（resource description framework，RDF）的。

那么，哪种观点是对的呢？为什么又会有这样显著的差异呢？

语义网的支持者对它实际处理能力的过度热情是能理解的。如果我们能搭建这样的系统那就太好了。然而，真正的语义网是一个 AI 完全问题,[①]因为这其中并没有前瞻性的技术性解决方案。它就像《星球大战》中的机器人 C-3PO 一样：好看但不实用。**然而，一个技术上可行的、据称是"语义"网**

---

① 在人工智能领域，最难的问题被称为 AI 完全问题（AI-complete）或 AI 困难问题（AI-hard），无论何时，解决这些问题均需要让计算机至少和人类一样智能，也就是说，此时假设强人工智能是可用的。AI 完全问题的例子通常包括计算机视觉、对意义的理解，以及在解决真实世界的问题时灵活且成功地处理意外情况。直到今天，AI 完全问题只有在人类的干预下才能被计算机解决。

的网页并不会让人感到兴奋，因为它必定不能实现它所承诺的，即一个计算机能理解其所处理的数据的意义的网页。事实上，对一个现实可行的语义网进行准确的技术方面的描述，与人们类看到的宣传语相去甚远。让我再次引用万维网联盟的宣传来说明：

> 语义网是关于数据的网页……语义网关乎两件事，它是对具有不同来源（其中，原始网页主要关注文件的互换）的数据进行整合的常用格式。它同样是关于语言记录的，即数据是怎样与现实世界中的物品相关联的。它能使人或者机器从一个数据库开始，穿过一系列没有终点的数据库。这些数据库并非通过电线连接，而是通过同一物体进行联系。

正如读者所见，是数据（而不是需要一些理解的语义信息）和语法（而不是需要一些智能的意义）在贯穿始终。正如万维网联盟所宣称的那样，我们确实应该谈谈机器可读网（Machine-readable Web）或数据网（Web of Data）。这样一个元语法网（MetaSyntactic Web）能够起作用，尤其是在特定的、标准的和程式化的环境下，比如特别针对线上用户的电影目录，它的作用就更加突出。这便是万维网联盟真正关注的东西。虽然它不能让人感到兴奋、总是保持不变、且无法销售，这多少让人感到遗憾，但元语法网页确实是一项有用的发明。

云计算，挑战空间位置

想要给 Web 2.0 应具备哪些条件作出精准定义与其说是一项棘手的任务，不如说是一项根本不可能完成的事件。事实上，Web 2.0 指的是品类繁多的类似于家庭技术、家庭服务和产品的一系列松散组合，其也不能成为令人沮丧的表述不清的理由，有雾的环境并不能成为照片失焦的理由。同样，尝试明确 Web 2.0 内容的各种努力虽在不断增加，但是这些努力中甚至没有一个能达到符合实际的标准。说句公道话，蒂姆·奥莱利已经尽可能地准确了。2005 年，他在一篇题为《Web 2.0：简洁的定义？》（*Web 2.0: Compact Definition?*）的文章中写道：

> Web 2.0 是一个作为平台的网络，它能延伸至所有联系在一起的设备。Web 2.0 应用能最大限度地利用平台的固有优势，例如，提供持续更新的软件服务——越多用户使用，这些软件的服务质量就越好；使用并混合不同来源的数据，包括个人用户的数据，以再混合的形式提供的数据和服务；通过"参与性构架"创造网络效应；超越 Web 1.0，传递用户丰富的经验。

所以，语义网确实是一类参与性网页，如今，这些参与性网页中的典型的例子包括了 YouTube、eBay、Facebook 等。你只需在 Alexa（它能向用户提供有关其他网站的服务的信息）上查看排名前 25 位的网站就知道了。

那么，Web 2.0 和语义网的区别在什么地方？回答这个问题的最好方法是尝试去了解过去 10 多年来 Web 2.0 应用所取得的成功经验。

Web 2.0 之所以能够获得成功，主要基于以下原因。元数据仍然还是数据，即使这两者都是数据，比如它们都是可辨识的差异（只承载和限制），但仍然缺乏语义解释。我们不应该将它们与语义信息（需要意义解释）相混淆，更不能把它们同知识（需要事实和至少一些解释和理解）相混淆。然而，信息与通信技术（包括基于我们目前对计算机科学的理解都能实际制造出来的各种人工智能）都是语法引擎，而语法引擎事实上是不能处理意义的。**因此，语义网在很大程度上**

只是炒作：**它实际上是基于语言描述的数据，并不包含语义信息。**而人类却正好相反，人类是唯一存在的语义引擎，也即 Twitter 工程师们所认为的网络上的"幽灵"。因此，Web 2.0 是依赖于大量用户的贡献而由语义引擎为语义引擎制造的网页。不妨举分众分类法（folksonomy，由 folk 和 taxonomy 组成）的例子来说明。

分众分类法是产生不同信息的社会惯例不断聚合的结果，这些社会惯例通过联合分类，即通过标签（即 tag，比如一张照片有"纽约""冬天""自由女神像"等标签）来产生其他信息（比如照片）的相关信息。分众分类法的工作原理是自下而上的，因为它主要由独立的用户和专门制作标签的个人来决定对什么进行分类、怎样进行分类，以及在分类过程中应使用的适当的关键词。自 2004 年以来，分众分类法就很快流行开来，它是一种有效的使信息个性化和通过信息管理工具产生结果的方式。

如果你访问 Flickr 网站，并在该网站上搜索"纽约""冬天""自由女神像"，你就能检索出在冬天拍摄的和纽约自由女神像相关的照片。这很简单，是吧？是的。但是，分众分类法可能太过含糊不清。如果你继续向下浏览这一系列照片，你会发现一张照片，其中一个人的穿着像自由女神像，也是在纽约，也是在冬季；你甚至还会发现一张船的照片，它也叫自由女神像——计算机并不会区分这些差别。它只会检索带有"纽约""冬天""自由女神像"这些标签的所有图片。但是，对于人类这样具有快速分辨语义不清过程能力的语义引擎来说，这并不是一个问题。我们经常在输入（在我写作本书时，有船的那张照片已经有 69 个标签了）的时候提供很多标签，然后不管怎样，我们在输出的时候就会发现它们之间的不同（你很难将人的雕塑和船的雕塑相混淆）。

Web 2.0 是一个可实现的、正在不断得到应用的现实，它并不像 Web 1.0 那样需要制造另一个外部空间来呈现。Web 2.0 的实现需要通过一个生态系统，人类作为信息体居于其中，它是友好型环境。Web 2.0 是记忆存储和永久保留的信息圈的一部分（这是柏拉图式的观点），这种观点正被"Web 2.0 是记忆积累和精化的信息圈的一部分"取代，因此搜索也在替代回忆。这是一种具有时间友好型特征的环境：时间会增加价值，并且 Web 2.0 的应用和内容也会随着不断使用而变得更好，即它们会随着时间的推移而不断进步，特别是参与其中的人数也在持续不断地增加。这反过来也是信息临界质量的一项功能，这种信息临界质量能够产生和分解语义信息。

以维基百科的各种条目来举例。这些条目被创建的时间越长、被使用的次数越多越好，同时，不断增加的新一代参与者的数量也强化了同行评估的效果。但也有反对的声音称，维基百科的使用者们不应该这样蔑视《大英百科》或者任何其他的信息来源。这样的反对是有道理的，因为毕竟来自《大英百科》的原来的、版权免费的条目也被包括在了维基百科里。这也进一步支持了维基百科时间友好型的特性，因为维基百科能够轻易地拆解既有的任何版权免费的资源，所以它确实在不断变得更好。而且，维基百科的编辑结构比人们通常认为的更复杂、关联度更高、层级也更多。自发产生的内容确实是硬件驱动和对过程高度控制的结果。人人都能作出贡献并不意味着人人都会去贡献。但这也是时间友好型的，因为它依赖于志愿者和他们在组织内进行协调的意愿。

上述所有观点都有助于解释为什么如今人们更乐于看到 Web 2.0 成为云计算的一部分。云计算是互联网的另一个隐喻（和热点词汇），人们对它的概念也不甚明确。然而，云计算的确抓住了一项全新的范式，它被用来指代将运算资源升

级转换成实用信息。软件工具、记忆空间、计算能力和其他设备或具备信息与通信技术功能的设备，所有这些都是基于互联网服务的（即所谓的"云"），"云"不会耗占任何基础设施，能使用户实现无缝对接。这对于空间位置来说是一项终极挑战，对于碎片化的信息处理也是如此。**Web 2.0 是时间友好型的，云计算是空间友好型的：你在哪里并不重要，重要的是你使用的是什么运算资源。**

Web 1.0 和语义网则正好相反，它们会耗费大量的时间，其失败之处在于它们不能利用虽只能作出微小贡献、但数量却极其庞大的群体，这一群体能够提供数以千万计的信息量。举个例子，《大英百科》上一条条目存在时间越长，它的用处可能就会越小，时间足够长时，它就会完全过时。这个结论同样适用于早前作为集线器的网页。所以，想知道一些东西是不是属于 Web 2.0，只需提一个问题来进行简单的测试：它是否会随着时间推移及使用和关联人数的增加而不断得到改善？我们所熟悉的通过这项测试的服务商包括了 Flickr、YouTube 和维基百科等。

虚拟与现实世界的大融合

完整的语义网是一个定义明确的错误，而 Web 2.0 是一个定义模糊的成功案例。它们都是关于信息圈构建和碎片整理的有趣例子。Web 2.0/参与式网络（Participatory Web）在信息生命周期（从产生、处理到管理和使用的全过程，参见图 1-4）的一个或多个阶段消除了信息生产和消费之间的障碍（摩擦更少），或在信息的生产者和消费者之间减少了障碍。Web 3.0/语义网按照应有的理解应该是元语法网，消除了数据库之间的障碍。照这样的逻辑，我们可以把 Web 4.0 叫作"桥接网"（Bridging Web），它能清除谁是或者谁不是信息社会（具有有效的可得性和可存取性）、历史时代以及超历史时代的公民之间的数字化壁垒。有意思的是，同个人计算机的商品化相比，这更多地发生在非洲、中国和印度等国家和地区的智能手机和其他手持设备中。根据国际电信联盟（ITU）的一项报告，2013 年，全球 71 亿人口中有 68 亿手机订阅用户，而在 2014 年早期，全球手机订阅用户的数量已超过了 71 亿人。关于 Web 5.0，人们可能会想到云计算和它消除实体障碍的能力以及它的全球和地域差异。最后，Web 6.0 将成为网络式在线生活（Web Onlife），它能消除虚拟世界和现实世界之间的门槛。

这些不同类型的网络正在平行发展，因此它们出现的先后顺序只有部分会按照时间顺序排列。它们的编号并不意味着层级顺序，只是为了方便记录。它们应该更多地被认为是推动网页朝更好的信息圈方向发展的聚合力量。例如，微软的"input one"策略，即追求单一的能够代表客厅中心和我们对各种信息与通信技术应用设备（比如 Xbox）的网上经历，在这样一个统一的信息圈中就可能被更好地理解。

上述对于网络未来的理解——随着信息圈的进步、重组而不断发展，为我们呈现了一个宽阔的场景，而根据人类作为信息体和语义引擎将会居住的环境，一个更加无界、无缝、同步（时间上）、不受地域限制（空间上）和相互联系（互动层面）的信息圈，会使读者想起我们在前面几章中提到的一些资质问题。这个环境通过长时间累积的几代信息体的语义增长和转换，共同为保存和提高其意义以备后期提炼和再使用而努力。这种"绿色政策"是我要评论的最后一点。

你可能还会记得《黑客帝国》里那令人感到不安的场面：人类最终将只是以

能提供能量的生物源电池的形式出现。故事情节固然精彩绝伦，但故事内容却是对资源的愚蠢浪费。人类之所以特别不是因为他们的身体（人类身体本身也好不到哪去，而且还可能比许多动物的身体还要差），而是各种能力的统一，有人把这种统一叫作智能或是思维。人类本也可以有尾巴、角、翅膀或羽毛，也可以是卵生动物或生活在海底：一个人仍然可以充分利用人性，而不是将其终结。对哲学家康德的观点进行错误的释义仍取决于信息和能够承载各种语义信息、进行语义处理和智能交互的有机体。

我们像靠吃桑叶的幼蚕吐丝一样产生和利用意义。假设其他星球上没有像人类这样拥有先进语义智能的生物形式，那这就是人类非同寻常的、独一无二的特征。而且我们在过去只部分利用了这一特征。文明、文化、科学、社会传统、语言、记叙文体、艺术、音乐、诗歌、哲学……总之，大量语义输入和输出在数千年间慢慢累积，就像薄薄的腐殖质层在历史的岩层慢慢累积一样。它经常被自然或是人为的灾难冲走，或是由于它的不可接近性和不可获得性而变得贫瘠。没有它，人类的生活将是粗鲁的、没有思想的。同人类在物体和能源的管理，以及对自然环境的影响方面所取得的成果相比，语义的出现、保留、累积、管理、扩张和充分利用显然还很有限。

我们正在经历的图灵革命在重新调整这种不平衡方面是有其自己的作用的。信息与通信技术已达到一个新阶段，它们可以确保信息与通信技术稳定的出现、稳定的累积和增长，以及对不断增加的语义信息的利用上。

好消息是，为我们的后代建立友好型的信息圈变得更简单了；坏消息是，在可以预见的未来，这项艰巨任务的重任将会完全落在人类身上。

拥抱人工智能时代

　　轻人工智能、智能体、智能陪伴、语义网或 Web 2.0，只是我所描述的第四次革命的部分内容，第四次革命在长期过程中将对人类在世界中的本质和角色进行再评估。信息与通信技术带来的最深层次的哲学问题和它们是怎样使我们得到扩展或增强的无关，也和它们能使我们做到什么无关，而是和它们怎样引导人类重新理解我们是谁、我们应该怎样与彼此互动有关。当智能体（包括智能陪伴和以软件为基础的智能系统）变成同汽车一样的普通商品时，我们应该更加积极地接受这些新概念式的革新。这虽然让人类有点颜面无光，但还是挺让人兴奋的。鉴于这种对自我认识的重要革新，以及这种以信息与通信技术作为智能体的交互（人们会更加喜欢与其他智能体之间的交互）——不论是自然的还是人造的，我们有开发这整个现实的新生态的独特方法。怎样建立、影响及生态地管理新的信息圈和我们自身，是信息与通信技术和第四次革命带来的重要挑战。

　　还记得碧翠丝在《无事生非》开篇提出的"谁是他现在的伴侣"吗？如果答案是"人工智能"，那么她是无论如何也理解不了的。我想，对未来的人们来说这将不再是一个问题。我们的任务是，确保从碧翠丝的问题到未来人们的答案之间的转换能尽可能地被人们所接受。这项任务既关乎道德又关乎政治。

4TH
THE
REVOLUTION

08

政治

|多智能体系统的崛起|

我们正处于政治凋亡这一缓慢而渐进的过程中,这是主权国家发展到信息社会时所经历的渐进而自然的革新进程。历史时代的国家作为信息智能体的地位正在被政权、地域、组织和民主这些因素逐渐削弱。全球化在其政治意义上是去辖域化的。

多智能体，加速政治凋亡

第 1 章中已经提到，自公元前 4000 年文字的发明以来，人类文明史已经存续了 6 000 多年。在这相对较短的一段时期内，信息与通信技术提供了记录和传输的基础设施，从而使其他技术的升级成为可能，而其他技术的升级则渐渐地增加了我们对更高层级技术的依赖。在古腾堡和图灵机之间短短的几百年中，信息与通信技术的发展更加成熟。如今，信息与通信技术的自动处理能力正在引领全新的超历史时代。信息社会依靠一级、二级、三级技术来维持社会福利、个人幸福、技术创新、科技探索和经济发展。下面一些数据能够清楚地说明这个问题。

2011 年，世界财富总值①从 2010 年的 195 万亿美元增加到了 231 万亿美元。调查显示，全球总人口约为 70 亿，因而人均财富约为 33 000 美元，成人人均财富约为 51 000 美元，数据明显表明了世界存在不平等现象。同年，全球广告开支为 4 980 亿美元，或许这是第一次，全球在娱乐方面的开支多于在战争

---

① 用个体拥有的金融资产与不动产（主要是房产）的价值之和减去其负债。

方面的开支。2010 年的军用开支为 17 400 亿美元，娱乐和传媒方面的开支约为
20 000 亿美元，然而数字娱乐和传媒方面的开支所占比例却从 2011 年的 26% 上
升到了 2015 年的 33.9%。与此同时，全球投入了 65 000 亿美元（基于 2010 年的
统计）来解决健康和早逝问题，这项开支比军用、娱乐和传媒三者的预算总和还
要多。这些几万亿美元的开支总是与信息与通信技术的开支紧密相联或重叠，其
中，2010 年信息与通信技术的开支为 30 000 亿美元。**除非彻底消灭信息与通信
技术，否则我们的世界已经离不开它们。**

如果之前章节的分析只是大体的，那么历史长河中人类的出现则无疑是最有
意义的一步。它带来了巨大的机遇、挑战和困难，这些机遇、挑战和困难都由信
息与通信技术强大的记录、传输和处理能力所驱动。从合成生物化学到神经系统
科学、从物联网到无人行星探索、从绿色科技到新疗法、从社交媒体到数字游戏、
从农业到金融应用，以及从经济发展到能源行业的探索、发明、设计、控制、教
育、工作、社会化、娱乐、医疗、安保、商业等活动，在纯机械、纯历史的环境
下不仅不可能，而且简直不可思议。这些活动本质上都已具有超历史性。

我们生活于其中的超历史时代以及信息圈的发展正在使我们和后代迅速分
离。但这并不是说过去和将来之间没有任何的连续性。过去之所以称为过去，原
因在于，通常情况下转换的程度越深，其转换的原因则可能越长久和广泛。然而，
由于长久以来许多不同的力量都在施加压力，因此深刻的变化可能会毫无征兆地
突然发生。常言道，并不是最后一片雪花才压断了树枝。在本书的案例中，正是
由于历史时代的发展才产生了超历史时代。如果没有字母表，那么肯定不会有美
国信息交换标准代码 ASCII。将来之所以称为将来，原因在于，我们期待历史时
代能够在将来很长一段时间内存在，正如第 1 章中所讲的史前时代的亚马孙河流

域部落一样长存。尽管全球化不断深入发展,但人类社会并不是整齐划一地向前进。

我们正处于政治凋亡(political apoptosis)这一缓慢而渐进的过程中。凋亡,或称之为程序性的细胞凋亡,是自我毁灭自然而正常的形式之一,在这一过程中,一系列程序化的事件最终导致了细胞的彻底灭亡。细胞凋亡在保持机体的健康状况方面发挥着至关重要的作用。人们认为它是生物进化的自然革新进程。在此,我使用"政治凋亡"来描述当主权国家[①]发展到信息社会时,所经历的渐进而自然的革新进程(见图8-1)。下面请允许我详细的解释。

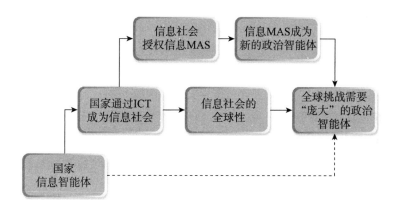

图 8-1　政治多智能体系统(MAS)的出现

只要简单回顾一下西方世界近400年来的政治史,我们就不难发现以下事实。《威斯特伐利亚和约》(*The Peace of Westphalia*)[②]的签订标志着一系列战争的结束:三十年战争(Thirty Years War)、八十年战争(Eighty Years War)以及欧洲强国和被统治地区之间由于经济、政治和宗教等原因而相互残杀所引发的一系

---

① "Nation"一词我指的是一个由人组成社会文化实体,这些人因文化或者语言互相联结。"State"一词,我指的是有固定人口、有划定的领土,有一个并和其他州建立关系的实体。

② 一般指在1648年5月至10月期间签订的象征三十年战争结束的一系列和平条约。——译者注

列冲突。随后出现的新体系，也就是所谓的"威斯特伐利亚秩序"（Westphalian order），表明至今依然存在的主权国家和民族国家体系日趋成熟。例如在法国，在《三个火枪手》的最后几章，达达尼昂（D'Artagnan）、阿拉米斯（Aramis）、波尔多斯（Porthos）和阿多斯（Athos）加入1628年红衣主教黎塞留所领导的拉罗歇尔之围（Cardinal Richelieu's siege of La Rochelle）；以及《二十年以后》（*Twenty Years Later*）的第1章，威尔斯和鲍勃（该小说的主角）相遇在奥地利的安妮女王（Queen Anne）以及红衣主教马萨林枢机（Cardinal Mazarin）所统治下的时代。[①]

国家并没有成为完整、专一且协调有序的实体。这一时期的国家并不是英国哲学家托马斯·霍布斯在《利维坦》中所描述的怪兽，也不是机械时代人们所想象的机器人。但这时的国家确实具有约束作用，它能够使每个不同的智能体团结在一起，也能影响不同的组成主体，使其在各自的地理空间内协调自身的行为。这就要求国家具有一种隐喻身份。国家由此成为独立的智能体，在国际关系体系中发挥着制度的作用。主权（每个国家都有基本的政治自主权）、法律平等（所有国家一律平等）和不干涉原则（任何国家都不得干涉他国内政）等，成了国际关系体系的基石。

自古希腊实行城邦制以来，人们一直习惯于从生物学的角度来讨论公民身份问题（父母、性别、年龄等）。当从法律地位的角度进行概念化时，公民权（公民身份的类型）则变得更为灵活多样。这就是当时罗马帝国统治下的情况，获得公民身份（一种在纯生物环境下毫无意义的思想）意味着人们成了权利的持有人。

---

① 《二十年以后》是美国著名作家欧·亨利的一篇很有意思的短篇小说，其故事发生的时间正好是《三个火枪手》中故事结束后的20年，也即1648年。——译者注

到了现代社会，地理因素开始发挥同等重要的作用，它使公民身份混合了语言、国籍、种族和局部地域的特点。在这种意义上，护照的由来问题颇引人深思。作为证明物体持有者身份的一种手段，人们认为护照是在《威斯特伐利亚和约》诞生之前英格兰国王亨利八世时代所产生的。然而，正是威斯特伐利亚秩序才使得护照成为一种正式文件，禁止无护照旅行或使护照持有者在国外受到保护，并安全返回到签发护照的国家。护照因而就成了"橡皮筋"，把持有者固定在特定的地理位置，无论其旅行有多远、有多久，最终都能让其返回到自己的国家。地理位置越固定，护照的作用就越强大。直到第一次世界大战结束之前，欧洲国家之间的旅行仍然不需要护照。一战之后，各国迫于安全方面的压力，再加上技术方面的进步，打破了"橡皮筋"式旅行的限制，兴建起了一种新型的铁路网络系统，从而促进了旅游业的发展。

让我们回到威斯特伐利亚秩序这个话题上。由于物理空间和法律空间相互重叠，所以主权国家能够对物理空间和法律空间进行统治、控制，并且制定法律、武装边境和保护领土。版图并不仅仅是旅行和做生意的方式，而且是管理本国领土的内政问题，还是全球范围内关于本国的国际问题。税务人员和将军看待这些地理界限的眼光与如今在线旅游公司 Expedia 的众多用户们显然是完全不同的。主权国家作为智能体，会在本国内征缴税收；作为法律实体，会缩短借贷期限（例如"主权债券"，它是一种由政府机构发行的、以外币为形式的债券）；有时它们甚至会在边境问题上存在激烈争论。部分政治斗争不仅是多智能体系统国家多个组成部分（例如神职人员和贵族之间）之间的紧张和不安，而且也是不同智能体之间明确成文的法律均衡。尤其值得一提的是，启蒙思想家孟德斯鸠对我们现在认为理所当然的国家政治权力进行经典划分：立法权、行政权和司法权。国家作为多智能体系统，可以视为

一个"权力小世界"的，其中，只有某些特定的信息流才能在其中使用。如今，我们可称其为"威斯特伐利亚秩序2.0版"。

随着威斯特伐利亚秩序的出现，国家开始形成，人类开始进入现代历史。国家作为信息智能体，尝试通过立法、控制信息生命周期中所涉及的技术手段，包括教育、审查、税收、违法记录、成文法、出版以及人工智能等。达达尼昂所经历的大部分探险都是借助于某些隐秘通信完成的。

作为信息智能体，国家促进了信息与通信技术的发展，使其成为行使和维护法律效力、政治权力以及实现社会控制的手段，尤其是在国际冲突不断、社会动荡频仍以及和平依旧脆弱的年代。 例如，1790—1795年法国大革命期间，法国政府迫切需要一套行之有效的通信体系来及时接收情报和传达命令，并抗衡包围法国盟军的英国、荷兰、普鲁士、奥地利以及西班牙等国的恶意军事演习。为了满足这一需要，克劳德·沙普（Claude Chapple）发明了第一个电报系统（他实际上创造了"电报"这个词）。克劳德电报包含有机械性信号系统，能在几小时之内在全国范围内传播信息。这项发明的战略意义如此之大，以至于1805年当拿破仑开始准备重燃意大利战火时，特地命令添加了一个从里昂到米兰的分机。在克劳德电报的极盛时期，它成了一个有着534个站点的巨大网络，覆盖距离达到了约5 000公里。读者可能会想起在大仲马的小说《基督山伯爵》中电报所发挥的重要作用：伯爵通过贿赂操作员发送假消息，进而操控金融市场来为自己谋利。现实生活就像小说一样：**谁控制了信息，谁就掌握了发言权。**

几百年来，国家角色已经发生了转变，从坚决拥护和保卫资本主义转变到奉行保护民众的俾斯麦福利制度。在这两种情况下，国家都是主要的信息收集者、制造者和控制者。然而，通过促进信息与通信技术的发展，国家成了唯一甚至是主要的信息智能体，因而就削弱了自身的未来发展。这就是我在前文提到的政治凋亡。这是因为，从长远来看，在信息社会中，信息与通信技术有助于推动国家改革，使其他甚至更为强大的信息智能体成为可能，而这些信息智能体可能会影响政治决策和政治事件。所以，信息与通信技术有助于平衡中央集权政府，促进分布式治理和国际性的全球化协调。

两次世界大战也是由主权国家之间的冲突所导致的，其根源在于他们之间的相互协商和合作未能成为多智能体系统的组成部分。布雷顿森林会议可能会被解读为标志国家政治凋亡伊始的事件。1944 年，来自 44 个同盟国的 730 位代表齐聚在美国新罕布什尔州布雷顿森林的华盛顿山酒店，召开旨在调控国际货币和金融的会议秩序的会议，从而产生了国际复兴开发银行（现已和国际开发协会一起统称为世界银行）、《关税及贸易总协定》（GATT，1995 年被世界贸易组织所取代）和国际货币基金组织（IMF）。总而言之，布雷顿森林体系促成了一系列多智能体系统的产生，如旨在解决世界政治、社会和经济问题的民族间和政府间的组织。华盛顿共识（Washington Consensus）曾明确指出，这些相似的多智能体组织正变得越来越强大、越来越有影响力。

1989 年，英国知名经济学者约翰·威廉姆森（John Williamson）发明了"华盛顿共识"一词。他用这个词来概括 10 条具体的政策建议，他认为这 10 条建议构成了标准策略，能够被位于华盛顿哥伦比亚特区的机构所接受和改善，如美国财政部、国际货币基金组织和世界银行等，从而用来应对国家经济危机。这些政策涉及稳定宏观经济、开放贸易和投资以及增强国内经济中的市场力量。在过去 20 多年里，人们密切关注和激烈讨论了有关的政策话题，并提出了一些正确且可被接受的建议。正如我在前文提到的威斯特伐利亚理论一样，华盛顿共识理论也并非没有任何问题。华盛顿共识确实抓住历史现象了吗？实现其目标了吗？尽管威廉姆森明确地将其定义为基于位于华盛顿的国际金融组织对问题国家新自由政策的强制实施，但它会被重新解释吗？这些显然都是重要的问题，但人们感兴趣的并不是对华盛顿共识进行解释性、经济性和规范性的评价。事实上，每一种想法，即使只是一种影响力有限的想法，都能把握我们超历史的、"后威斯特伐利亚时代"的最重要的方面。

华盛顿共识是布雷顿森林体系的进一步发展。两者都强调了这样的事实：第二次世界大战之后，许多组织和机构（不仅包括在华盛顿哥伦比亚特区的组织和机构）并不是独立的国家，而是非政府多智能体系统，它们都在国际政治和经济问题上发挥了重要作用，来通过全球政策解决全球性问题。事实上，华盛顿共识已经被指责为（无论是否属实）漠视地方规定和全球性差异，这就强化了以下观点：各强有力的多智能体系统已经成为全球性信息社会的政策新来源。最后，作为提醒，让我提一下一份颇有争议的报告，即《TOP 200：全球大企业的崛起》（*Top 200: The Rise of Corporate Global Power*）。几年前，这份报告分析了一些企业智能体。其中，最有争议的部分就是它比较了国家年度 GDP 和企业年度销售额（收入或营业额）。尽管存在各种潜在的不足，这份报告仍然可以说是不错的读物。它这样写道：

> 在全球 100 个最大的经济体中，有 51 个经济体是（截至 2000 年）企业，仅有 49 个经济体（截至 2000 年）是国家。

尽管对这份报告的批评仍然存在，但只有相当一部分批评可能已经转而支持企业智能体，GDP 和收入可以增加一国的影响力，因此它们已经成为统一的比较标准。这样庞大的多智能体系统采取决策时，其影响显然是深远而广泛的。

如今，我们知道全球性问题——从环境问题到金融危机、从社会正义到狭隘的宗教原教旨主义、从和平到健康问题，并不能把主权国家作为唯一的解决方案，因为这些问题牵涉到全球智能体，所以它们也需要全球智能体的配合。然而，对影响人类未来的多智能体系统的设计存在很多不确定性。超历史时代是"后威斯特伐利亚时代"的，这是因为主权国家是作为现代政治信息智能体而出现的；同时，超历史时代也是"后布雷顿森林体系"的，这是因为非国家多智能体系统在政治和经济中是作为超历史角色而出现的。这有助于解释为什么超历史时代所面临的主要挑战是如何设计恰当的多智能体系统。这些体系应该充分利用近年来所取得的社会和政治进步，同时处理好可能会削弱超历史时代中社会和政治进步的全球性问题。

新型信息秩序?

从历史时代的威斯特伐利亚秩序到"后布雷顿森林体系"，在超历史时代困境中寻找一种新型平衡的原因有很多，但我们这里只强调其中的 4 种。

第一，政权。我们知道，信息与通信技术能够"民主化"数据和处理或控制政权，从某种意义上说，数据和处理程序倾向于通过多种存储和来源方式得到保留或增加。因而，信息与通信技术能够创造、提供和授权一系列潜在的非国家智能体，从个人到团体到群组，从大型机构（像跨国公司）到国际性、政府间的组织和非政府组织、机构和超民族体系。国家在政治领域不再是唯一的（有时甚至不再是主要的）智能体，能够对信息智能体，尤其是个人和组织行使信息权利。

例如，欧洲委员会通过承认一些非政府发展机构所发挥的重要作用，意识到了这些新智能体在欧盟（EU）以及非洲、加勒比和太平洋地区国家（即 ACP）签署的《科托努协定》（*Cotonou Agreement*，即《非加太地区国家与欧共体及其成员国伙伴关系协定》）中所发挥的重要作用，从而正式承认这些智能体在 ACP-EU 发展合作中的主要参与作用。根据《科托努协定》第 6 条，这些非国家间智能体涉及私有领域；经济和社会合作，包含工会组织；符合国家特点的各种形式的公民社会。

由信息与通信技术带来的"民主化"正在政权和武装力量之间制造出一种新的冲突，政权是信息性的，通过精心制定和传播规范来行使权力；而武装力量则是暴力的，当政权失去统治作用、不能指导相关智能体的行为和规范不能得到遵守时，武力便开始发挥作用。注意，当实物甚至金钱变得越来越依赖于信息时，由多智能体系统所行使的信息权利就越需要强大的经济支持。

第二，地域。信息与通信技术能够去辖域化人们的经验。它们制造出并不相关，有时甚至是完全不相关的地域边界。它们也创造了呈指数级扩大的信息圈区域，在这些区域中，越来越多的智能体（有时并不一定是人类）长时间地经历着线上生活经验。这些区域从本质上来说都是非国家性质的。这就在地域政治和国家之间造成了一种紧张关系，其中地域政治是全球性和非地域性的，而国家仍将其身份和政治合法性从主权领土单位的角度定义为国家。

第三，组织。信息与通信技术增强了政治分类的流动化性。信息与通信技术通过管理和授权，不仅促进了脆弱、短暂和"即期"性分布式小组的聚集、瓦解和再聚集，而且使其实现了在以下领域的作用：共享利益、陈旧的刚性界限、社会层级、政治阶层、种族、语言障碍、物理障碍，等等。而以上这些又在国家之间产生新的不安定因素，此时国家仍然被视为主要的组织性机构，但却不再僵硬，而逐渐变成灵活的多智能体系统，以及一系列同等重要（有时甚至更为重要）、具有政治影响力的非国家机构（与原有的主权国家相区分）或其他多智能体系统。例如，恐怖主义已不仅仅是一国的内部事务，如西班牙、巴斯克地区、德国、意大利或北爱尔兰等地的各种恐怖主义形式，也是与分布式多智能体系统相关的国际性冲突，如基地组织。

第四，民主。政权、地域和组织方面的变化影响了对民主，一种最古老、最安全的"权力众包"形式的讨论。过去我们常常认为，理想的民主应该是所有公民在管理社会和商业等公共事务过程中直接而持续的参与。直接民主如果可行的话，将是一种关于国家如何从内部认识自己、设计规则和改善协商形式的手段，其中公民能够即时地直接提出异议和对新政策进行表决。直接民主是间接民主形式的主要补充，民主将形成一个"政治在线"的世界。直接民主已经变成了由大众驱动的民主，一种基于信息与通信技术的新型社会媒体。在这种数字民主下，分布式组织以及基于共同利益暂时聚集起来的组织都会成倍增加，成为国家之外的影响因素。公民可以为各自的代表投票，也可以不断地通过民意测验来影响代表。共识的达成由于共时信息的存在已成为人们越来越关心的话题。

正是由于上述几种因素——政权、地域、组织和民主，历史时代的国家作为信息智能体的地位正在被这些因素逐渐削弱。其他多智能体系统具有数据、权力，甚至是武力（如网络威胁或恐怖袭击等），空间以及组织的灵活性来侵蚀现代国家的政治影响力。它们能够占用国家的权威，从长时间来看，使其社会氛围变得冗余，尤其是当历史时代的国家成为唯一或占据支配地位的信息智能体时。

始于 2009 年的希腊经济危机就是一个很好的例子。希腊政府和整个国家必须和"上级",如欧盟、欧洲中央银行、国际货币基金组织、评估机构等进行沟通和配合;还必须和"下级",如希腊大众传媒、公职人员、金融市场、国际投资人等沟通和交流。因为,国家已不再像 19 世纪那样高度集权,一些国家比如比利时和意大利,在很长时间的无政府期间或在政府功能失调的情况下,也能高效运转、"工作自如"。

政治交互的系统化思想使得在以下方面的容忍度和可行性成为可能:地方主义和分离主义、支持自治和独立的运动和政党。但这些自主和独立运动不会被现代国家所接受,因为现代国家倾向于鼓励民族性而非地域性的集会。从意大利帕达尼亚(Padania)到西班牙加泰罗尼亚(Catalonia),从苏格兰到德国巴伐利亚州,无论在哪一个欧洲国家,超历史趋势都颇类似于一些地区的"前威斯特伐利亚平衡"。维基百科上长长的"欧洲激进分离分子运动清单"可以增长见闻、开阔眼界。人们不必惊讶的是,欧洲地区议会(1985 年开始被称为欧洲地区委员会)聚集了来自 35 个国家 250 多个地区以及 16 个跨地区的组织,其一直以来奉行辅助性原则即分权的原则,主张政治事务应该由最小的、最底层的或最不集权的当局解决。

当然,历史时代的国家并没有坐以待毙,主动放弃自己的角色。在很多情况下,它们仍在尝试通过信息超级智能体控制社会政治生活,重新夺回自己的主导地位。

在一些情况下,这种尝试是公开进行的。例如英国工党政府于 2004 年 9 月首先引入了《身份证法》(Identity Cards Bill)。经过几次中间协商阶段,《身份证法》最终在 2011 年 1 月被《2010 年身份证法》替代。虽然在英国引入强制身份证件的计划失败了，但我们应该从保护威斯特伐利亚秩序的视角进行解读。

在其他情况下，当信息社会主要由国家来运转协调时，它本质上是隐形的"历史阻力"。此时，国家保留了其充当主要信息智能体的作用。法律上，它控制着立法和法律执行；在经济上，它控制着大多数基于信息的工作。无处不在的所谓国家资本主义是一种超历史时代的"不合时宜"，其国有企业已经遍布全球。

各种反抗的相似形式看起来仅能延缓多智能体系统那不可避免的发展进程。然而，这会对地区及全球造成高昂的成本和巨大的风险。人们普遍认为两次世界大战的结束标志着威斯特伐利亚体系的瓦解。但自相矛盾的是，当人类发展进入超历史时代时，世界却正见证着当前最具历史时代性的国家中国的崛起，以及美国的衰落——过去10年中最为强大的、在其联邦组织中已经拥有超历史和多智能体系统。我们正从华盛顿共识转向北京共识，就像威廉姆森所描述的，这个转变将会增加以下新变革：创新和试验、出口驱动的经济增长，等等。最先进的信息社会正在经历的金融和社会危机是既痛苦而又平和的，这是我们为了适应"后威斯特伐利亚体系"必须付出的代价。

一般来说，上述结论仅适用于历史时代的国家。**未来，政治多智能体系统将会变得越来越重要，获得权力过程的可视性和透明性可能不会那么明显清晰。**当国家成为主要参与者时，管控和理解政治显然会变得非常困难。当智能体国家的特征更为模糊、行为更为隐蔽时，管控和理解政治就更为困难、更难以确认和说明。与此同时，人们希望国家能够放弃对超历史变化的反抗，积极参与其中，成为多智能体系统。权力下放就是一个很好的例子，可以把国家主权转移到超民族的欧洲机构中，或者移交给类似于中央银行，如英格兰银行或欧洲中央银行这样

的独立公共组织。

下文将详细阐述政治多智能体系统的本质以及一些因其出现而导致的问题。

政治多智能体系统

政治多智能体系统是单一智能体，由其他系统组成。这些具有：

- 目的论性（teleological）：多智能体系统有目的和目标，并通过实际行动来实现。

- 互动性（interactive）：多智能体系统和环境相互作用。

- 自主性（autonomous）：多智能体系统可以改变自身配置结构，无须直接回应互动，只需通过内部改革来改变其状态——这增加了多智能体系统的复杂程度和与环境的分离程度。

- 适应性（adaptable）：多智能体系统的互动可以改变规则，然后通过这些规则来改变国家。适应性确保了多智能体系统能够学习自己的运行方式，使其在某种程度上依赖于自己的经验。

当政治多智能体系统能快速而有效地执行上述特点时，它将变得非常智能，并能减少资源利用，杜绝浪费，从而最大化回报。

但是，智能政治多智能体系统的出现同样也带来了诸多问题，其中一些问题值得在这里一提，它们是身份认同感、凝聚力、共识、社会和政治空间、合法性、透明性。

身份认同感

纵观整个现代史，国家通过在其自身和民族之间保持平衡来建立和保持自己的身份认同感。这通常是通过公民身份的合法途径以及空间（祖国）和时间（如国庆节）来实现。例如，法国大革命时期的强制服兵役，现代历史上流行强制服兵役，但当前实行强制服兵役的主权国家越来越少。征兵制度改变了战争发动的方式，突出的经济问题转变成了法律问题，比如百年战争（Hundred Years War）中佛罗伦萨银行家资助英国国王的经济问题，早已变成了国家有权让其民众代表国家战死沙场的法律问题。人的生命变得微不足道，随时可以以爱国的名义——"为了国王和国家"，作出牺牲。这是一种现代独裁主义的迹象。危机时刻，主权国家仍然屈服于民族主义，关心毫无意义的领土，比如明显不值得人们为其付出生命的小岛屿。

凝聚力

国家和民族之间的平衡通过公民和国土及其之间的故事来取得，因而更有利于解释第二个问题即凝聚力。这种平衡不仅仅回答了"国家是谁"或"国家是什么"的问题，而且回答了"谁或什么属于国家"的问题，因而也就回答了"谁或什么"会遵守国家规范、政策和行动的问题。

新型政治多智能体系统不能依靠同样的解决方式。的确，这些体系也面临着不断弱化的政治身份和凝聚力的问题。多智能体系统的政治认同感或许更强烈，但却与其暂时而松散的凝聚力毫无关系，正如美国的茶党运动。政治多智能体系统的政治认同感和凝聚力都相对薄弱，正如国际"占领"运动一样。人们从中可能感受到了强大的凝聚力和模糊、薄弱的政治认同感。

政治多智能体系统的身份认同感和凝聚力是通过信息共享来建立和保持的。土地被虚拟化为运行着多智能体系统的信息圈。因而，记忆（可检索的记录）和信息流的联系（可靠的更新）使政治多智能体系统获得了认同感和凝聚力，进而产生了归属感。但最为重要的是，正在逐渐消失的在线和下线之间的界限，在线经验的出现以及虚拟信息圈在政治上对物理空间的影响，都强化了政治多智能体系统作为真正智能体的感觉。如果匿名者（喜欢恶作剧的黑客和电脑玩家）仅拥有虚拟的存在，那么其认同感和凝聚力便会大大降低。行为为虚拟信息流提供了至关重要的副本，从而确保了其凝聚力。互动性则更为根本，因为从某种程度上说，互动性同我们在第 2 章和第 3 章中所讲到的类似问题密切相关。有了文字游戏，我们可以用"正在干……"（-ing，如正在互动中、正在处理中、正在网络连接中、正在做事中、正在形成中）等替代"事情"（things）本身。

共识

如果把政治多智能体系统当作方程式来分解，那么它可以分成主权国家、公民身份、土地、故事、民族几个部分，而且在政治多智能体系统中，认同感和凝聚力的脱钩影响深远。政治权威如何管理共识是一个古老的理论问题，现在它被重新提了出来。在社会契约论的历史时代框架下，假设违约就相当于法律性选择拒绝。政治国家由个人和法律来统治，而屈服于国家的个人由于多种原因据称会提供某种原始共识。问题是，这种共识是如何达成的，以及当公民主体违反法律时可能会发生什么情况。

在超历史时代的框架下，预期违约相当于社会性选择加入，当智能体为了特定目的而有条件地屈服于政治多智能体系统时，就会执行预期违约。简单说来，我们正在从政治共识的一分子转到参与政治共识上来，而且这种参与越来越"及时""按需""目标导向",而非越来越稳定、持久和长期。如果说从事政治活动越来越像是做生意的话,那是因为在这两种活动中,人们都需要说服听众,也就是公民和顾客,让其行为举止都符合社会规范。忠诚的会员关系并不等同于违约,它需要围绕政治和商业产品而进行重建和更新。达成关于具体政治问题的共识成了一个持续的参与过程,它并不是一个限制注意力的问题。

人们认为"新一代"的年轻人不会持续关注政治问题,但这种抱怨本身并无多少道理。毕竟,他们也是爱看电视的一代。不断去激发年轻一代的参与兴趣才更为重要,而不是过度地输入信息(更多的危机、紧急事件、改革……),从而导致他们产生政治疲劳。因此,问题在于,理解什么才能不断激发或迫使智能体(需要再次强调的是,它不仅指单一人类个体,还指各种智能体)达成共识和积极参与,以及由于违约而没有参与的这些智能体(注意,其并非不参与,因为不参与预设了前面所讲的参与状态),当他们远离政治多智能体系统活动,并形成一种非政治认同感而非社会文明圈时,才可能发生这种情况。

如果不理解历史时代的选择拒绝和超历史时代的选择加入之间的转换,也就不可能理解个人对政治的醒悟和国际运动、积极主义、自愿主义,以及其他具有政治影响力的社会力量等的逐渐流行。可称为病态的并不是简单的政治而是历史时代的政治,它以政党、阶级、特定的社会角色、政治宣言和运动以及主权国家等为基础,这些方面能够获得政治合法性。而这种合法性只要不被废除,就能一直被使用。世界各地的自由民主党派对所谓的党派中心以及动员投票策略(GOTV,这个说法被用于说明投票人的流动性,从而确保可以投票的人都能投票)的关注,就是为了赢得选举。政党(或工会)成员具有现代化的特色,而这种特色越来越不常见。

社会和政治空间

在史前时代，社会和政治空间是交叉重叠的，这是因为在无国家的社会中，社会和政治的关系和交互并没有本质的不同。在历史时代，国家作为信息多智能体系统，倾向于通过占据政治上的社会空间来保持同延性（coextensiveness），因而默认政治权利往往会凌驾于社会权利之上。这种趋势，如果不加抑制和平衡，将有可能导致集权主义（想想墨索里尼集权统治下的意大利）或破碎的民主主义（想想贝卢斯科尼主政下的意大利）。前面就已讲到，这种同延性和其控制力通过权力、武力和制定规则，建立在了规范性和经济战略之上。在超历史时代，社会空间相当于初始默认空间，在其中，智能体可以转移到政治空间中。随着我们步入超历史时代，诸如公民社会①、社会公共空间②和社区等概念将越来越常见。问题在于，如何理解和设计这种社会空间，从而使多样化的智能体之间能相互互动，继而产生政治多智能体系统。

每个智能体在社会空间内都拥有一定程度的自由。我说的自由并不是指解放、自主或自觉，而是一种更为简单的含义：为了某个特定目的参与到某些特定活动中的能力或技能，并且这些能力由某些相关资源驱动。举一个简单的例子。咖啡机仅有一种自由度：当放入适量的咖啡豆，有电能时，咖啡机就能做出咖啡。智能体自由度的总和就是"代理"（agency）。智能体独自出现时，仅有一个代理，因而也就谈不上什么社会空间政治空间了。

想象一下，鲁滨逊在"绝望孤岛"上。然而，孤岛上还有另一个智能体（"绝

---

① civil society，它指的是后黑格尔观念里的无政治社会。
② 在社会公共空间里，人们可以相遇并交流、认同或否定彼此的观点、讨论社会问题，并参与政治活动。

望孤岛"上的星期五）或一群智能体（当地的食人族、陷入困境的西班牙人、英国的反叛者），智能体之间会可得社会互动的价值。此时，协调和限制智能体自由程度的规则变得非常重要，首先是为了智能体的正常运转，进而组成政治多智能体系统；其次是为了多智能体系统本身。请注意分析层次的转变：一旦社会空间出现，我们就会开始把小组当成小组，如将其当成家庭、社区或社会，此时个体智能体的行为便会成为新的组成部分，从而形成自由度更高的或多智能体系统的代理。

我们仍然可以用上面提到的简单例子来解释。想一想咖啡机和计时器：它们显然是两个拥有不同代理的智能体，但如果两者相结合和协调成为多智能体系统，那么执行智能体就会变成新的代理，它们能在特定的时间内磨出咖啡。这种多智能体系统拥有了更为复杂的能力，但这种能力可能会、也可能不会起作用。

诸多智能体需要思考的、并会占据其整体自由度的，是社会空间。在历史时代，这种顾虑——事实上它属于另一个层面的分析，大体上来说取决于物理空间和地理空间，它以占据国家领土为方式，因而也就有了不同的领国。在之前的例子中，所有与鲁滨逊进行互动的智能体都被考虑在内，这是因为他们都与"绝望孤岛"相联系（自由度的交互式存在）。信息与通信技术可能会改变这其中所有的联系。在超历史时代，包含和不包含相关智能体之间的界限——其自由度组成社会空间，已成为越来越隐性的抉择，而不是越来越显性的决定。其结果就是分散道德现象（包括分散责任）变得越来越常见。在历史时代和超历史时代的任一情况下，能被视为社会空间的可能是某次政治运动。因此，全球化在政治意义上具有了去辖域化。

现在，我们将话题转移到新型多智能体系统所运作的政治空间上。如果你认

为它是存在于社会空间的基础上的独立空间，那么这种想法将是错误的。社会空间和政治空间都是由智能体自由度的整体情况所决定的。当社会空间复杂到需要阻止或解决潜在分歧（potential divergences），或协调、协作潜在融合（potential convergence）时，政治空间就出现了。两种情况都是极其关键的，并且在每种情况下，信息都是必须的，并对自由度有着更深层的思考。

合法性

当处于社会空间的智能体在如何处理分歧（冲突）和融合达成一致，社会空间才需要经由政治维度来解决问题。但是，这也存在两种潜在的错误观念。

第一种，霍布斯主义（Hobbesian）仅仅把哲学视为阻止战争的方式，克劳塞维茨（Clausewitz）则将其变成一个著名的表述，认为"战争是政治通过其他手段的延续"。这是对政治不满的表现，因为即便是由天使组成的复杂社会，也会需要一些规则制度以保持社会的和谐。融合也需要政治。政治不仅与一种由智能体为了实现目标而行使自由度所造成的冲突有关；它也是（或至少应该是）自由地通过其他方式实现协调和合作，而非通过胁迫和暴力的方式。

第二种潜在错误称为卢梭式的（Rousseauian），它把政治空间误解成法律框架基础之上的社会空间的一部分。这种情况下的错误较为隐蔽。我们通常把政治空间与规治政治空间的规则以及法律联系起来，但这些规则和法律本身并不是政治空间的组成部分。比较这两种情况你会发现，规则决定着游戏。在象棋中，规则不仅仅限制游戏，还是游戏的一部分，并以之前的走棋为基础。它们是决定所有且唯一合规行为的必要充分条件。但在足球游戏中，规则同时也是限制，因为智能体拥有之前且基本的自由度，因而能够用脚进球得分，此时规则的作用正是规治。虽然，人们可以把两颗棋子放在棋盘的同一个地方，但这样做是没有任何意义的，在 1986 年世界杯 1/4 决赛上，谁也阻挡不了马拉多纳在阿根廷对英格兰的比赛中用手打进了高难度的球，当时这一进球因裁判没有看到犯规而被认定有效。

如今，政治空间不仅仅是由法律组成、也受法律调节，如下棋活动；但它也并不仅仅是通过法律来限制社会空间的结果，如足球比赛。政治空间就是由社会空间中在规治分歧与协调、融合等方面达成一致的协议区域。与此类似的还有硬盘的格式化，这就引发了对多智能体系统在过渡期的另一思考，即透明性。

透明性

多智能体系统的透明性有两种含义，这两种含义大不相同，因而可能会引起混淆。不过这两种含义都来自信息与通信技术和计算机科学，是图灵革命改变概念框架的又一案例。

一方面，多智能体系统（主权国家、企业智能体、跨国公司或组织等）就其从黑盒变化到白盒的意义上来说是透明的。其他智能体（当多智能体系统是国家时，指公民）不仅能够看到输入和输出——例如税收的梯度和公共开支，也能监控多智能体系统（此时指国家）的内部运行方式。这并不是什么新鲜事，它在 19 世纪就已经非常流行。但由于信息与通信技术的发展所带来的各种可能性，它已经成为当代政治的新特点。这种透明性也被称为开放式政府（Open Government）。

另一方面我想要强调的是创新意义，多智能体系统就"隐形"（invisible）意义上来说可以是透明的。在这种意义上，科技（尤其是交互式界面）是透明的：不是因为科技不在其中，而是因为科技能够更高效、更可靠地提供服务，因而它的存在是感觉不到的。当某些东西能在"幕后"最大限度地发挥作用，确保我们尽可能顺利地操作它们时，我们才能够拥有透明的体系。当讨论中的多智能体系统是国家时，透明的第二种含义不应该被冠以"小国家"或"小政权"这样不能引起人注意的术语。相反，在第二种含义中，多智能体系统（即国家）就如我们所呼吸的氧气一样透明而重要。它努力成为"理想的管家"。并没有标准的术语来表达这种透明的多智能体系统。只有当其不在场时，人们才会发现。我们可以称其为温和式政府（Gentle Government）。

多智能体系统能够逐渐支撑更加透明而恰当的道德基础设施（后文会谈到），它开放而温和，扮演着协商的角色，管理着公共事务。当这种协商失效时，可能的后果便是参与的政党之间会发生越来越激烈的冲突。其中一个悲剧的可能性是，信息与通信技术会被大幅重塑。

所有这些并不意味着不透明性（opacity）就毫无优点。我们应该关注它，以免社会政治之间的关系沦落为大数量、高质量、易理解性以及信息和信息与通信技术的常用性上。越多越好并不总是唯一或最好的选择。信息的缺席也经常会起着积极而重要的作用。我们已经讲过孟德斯鸠式的国家政治权力划分。每一种权力的划分对另外两种来说都是信息不透明的。人们为了实现某种目标会需要忽略某种信息（以故意阻止人们获得它），比如为了保护匿名者、提高公平程度或作出公正的评价。著名哲学家罗尔斯（Rawls）提出的"无知面纱"（veil of ignorance）的隐喻，正是利用了信息缺失这个方面。知晓某些信息并不总是件好事，有时候会引发危险或错误，甚至会出现严重的后果。

透明性的价值却与此相反，信息不透明不能被认为是政治体系的良好特征，除非人们能够明确、有意识地使用这种不透明。

自由的基本伦理，新的"道德方程式"

第四次革命所产生的部分道德努力涉及环境的设计，它有助于促进道德选择、行动和进步。这不同于伦理设计（ethics by design），这是一种前伦理设计（pro-ethical design）。这两种形式的伦理设计都比较民主，但伦理设计具有轻微的"家长式"色彩，因为它能够代表智能体作出合适的选择、行动、进程和互动；而前伦理设计没有这种特点，它只有助于智能体对其自身作出的选择、行动等进行反思。

基于伦理设计的策略会使你跳出缺省优先项，在获得驾照后，你同样也愿意成为器官捐献者；基于前理论设计的策略不允许你去考驾照，除非你重申自己愿意成为器官捐献者：公平的选择权仍然掌握在自己手中。在这一部分，我把环境定义为能够促进道德选择、行动或进步、道德基础设施，或称为基本伦理（infraethics）。问题是如何设计恰当的基本伦理。显然，在不同的情况下，自由基本伦理的设计或多或少有点儿家长式的色彩。我认为，自由基本伦理应该在情况允许的范围内尽可能地削弱这种色彩。

最近的趋势是，政客们一说起基础设施，就会想到信息与通信技术。他们的想法是正确的。从企业命运到冲突，当代社会的工作越来越依赖于科技而非武力的原因到底是什么？我们已经知道此问题的答案。虽然不太明显但却更有意思的是，信息与通信技术看起来似乎已经有了新的道德规范。

基本伦理的思想非常简单，但可能会有误导作用。但之前对道德的理解有助于我们澄清。当经济学家和政治科学家说到"失败的国家"时，他们可能指的是，国家作为一种结构（state-as-a-structure）没能发挥其基本作用，比如管辖边境、征收税款、制定法律、司法管理、发展学前教育等。换句话说，国家没能提供公共物品（如国防和警察）以及有益品（如卫生保健）。又或者他们指的也可能是，国家作为基础设施（state-as-an-infrastructure）或环境的失败，这就使得恰当的社会互动成为可能，从而促进了它的发展。这意味着，他们指的可能是底层期望的落空，这种期望是指对经济、政治以及社会条件的期望，是对法律规则、公民权、政治感、不同文化间人们的文明对话等的尊重，以及对能够和平解决民族、宗教和文化争端的方式等的期待。这些期望、态度和实践——总而言之，这些隐性的人们认为理所当然的"社会政治基础设施"，对任何复杂社会的成功都起到了举足轻重的作用。它们在人类的互动中发挥着关键作用，可以和我们今天已经习以为常的经济基础设施相媲美。

4TH
THE 4
REVOLUTION
智能前沿

信息与通信技术非常看重以下现象：信任、隐私、透明、言论自由、开放、知识产权、忠诚、尊重、可靠、名誉、法治等。这些概念若是基础设施的话可能会更容易理解，因为基础设施能推动或阻碍（反思）智能体的道德和非道德行为。因而，通过把信息交互置于我们生活的中心，信息与通信技术似乎能够发现一直存在但却不够明显的事物：事实是，智能体社会的道德行为也是"道德基础设施"。我们忽略了道德生活的一个重要方面。许多概念和相关的现象已经被错误地看成道德，而事实上，它们很多时候可能是基本伦理。借用一个来自科技哲学的术语，这些概念和相应的现象有着双重应用：它们既可以道德友好，也可以道德败坏。新的"道德方程式"表明，在经济相对成熟的社会，商业和管理体系若要繁荣，就需要基础设施（交通、通信、服务等）；那么在信息相对成熟的社会，多智能体系统道德互动的繁荣也越需要基本伦理。

我们不应该用马克思主义的理论来理解基本伦理，更不能将其理解为旧有的

"经济基础和上层建筑"思想的更新版本。我们所讨论的基本伦理的组成要素与众不同：我们正在处理道德行为和这种道德行为的非道德激发物。也不应该用次级道德的方式来理解它。它不是期望、态度和行为——可用以促进和发扬道德决定以及行为的隐形伦理框架。同时，把基本伦理想象成中性道德也是完全不正确的。相反，基本伦理有着双重特征，正如我之前所讲的那样：基本伦理可以不同程度地促进或阻止善举或恶行。最好的状态就是，它改进了道德机制。

双重用途并不意味着每种用途的概率相同，虽然这种情况也有可能出现；也就是说，我们讨论中的基本伦理不是中性的，也不是积极的，更倾向于传播好的行为。如果这有点儿难以理解，那就不要以平衡的方式来思考一个具有双重性质的事物，正如硬币有正反两面一样。但从正反两种结果共现的方式来看，一种结果比另外一种结果更为频繁，就像不平整的硬币更容易露出一面那样。当基本伦理有"倾向性双重"特征时，人们容易把基本伦理当成道德，因为无论善恶，都只是人性的一面而已。

任何成功运行的复杂社会，无论是人类之城（the City of Man）还是上帝之城（the City of God），都依赖于隐性的基本伦理。这是颇为危险的，因为重要性不断增加的基本伦理可能会导致以下危险：伦理的合法性基于支持基本伦理的"价值"。这种支持被错误地理解成"基础"，而且甚至有可能会被上升到"合法"的高度，进而产生法国哲学家让 - 弗朗索瓦·利奥塔（Jean-François Lyotard）所批判的体系"执行力"，独立于现实世界所珍惜和追求的目标。举个例子来说，在官僚主义背景下，一些应该发扬道德行为的程序，随着时间的流逝，其自身演变成了价值，不再赋予本该发扬的行为伦理价值。基本伦理是社会的重要框架，但却并不是其语义网。当讨论人工智能时，我们需要对其进行重新划分。基本伦

理与结构形式有关，并不是什么有意义的内容。

我们之前讲过，即使一个社会的成员都是天使，即完美的道德智能体，他们仍然需要协作的规范。理论上说，一个充满纳粹狂热分子的社会也需要高度的信任、尊重、忠诚、隐私、透明，甚至是某种程度的言论自由、开放和公平竞争。显然，我们所想要的不仅仅是由正确的基本伦理所提供的成功机制，还有基本伦理和道德善行之间的紧密结合，如社会和政治权利的结合。这就是难以在安全和隐私之间难以达成平衡的原因，除非首先澄清我们是否能处理伦理（安全和隐私被当作道德权利）和基本伦理（被理解成非伦理促进者）之间的冲突，或基本伦理（安全）和伦理（隐私）之间的冲突。

做个类比：好的管道（基本伦理）能让水流得更顺畅，但却不能改善水质（道德规范）；如果水管生锈或漏水，那么质量再好的水也会被浪费。因而，创造并保持基本伦理的恰当形式是我们这个时代面对的最为重要的挑战，因为基本伦理本身并不意味着良好的道德；而如果得到恰当的设计和正确道德价值观的指导，它可能会产生出良好的道德行为。基本伦理的恰当形式能够支持正确的价值观。在多智能体系统的设计这一问题上，基本伦理确实是问题的重要组成部分。

社会越复杂，设计良好的基本伦理的作用就越为重要和明显，但这却正是我们所缺失的。《反假冒贸易协定》（ACTA）就是一个关于知识产权国际标准的多国条约。因为关注知识产权的立法，ACTA 的支持者们完全没有意识到，这反而消弱他们一直希望发展的基本伦理，也即能促进信息社会的成功方面的发展。这将会促进一些重要个体的自主结构性抑制，以及他们作为信息体发挥自己在信息社会中的潜力。与其他社会代理的抑制形式，例如阶级主义、种族主义和男性至上主义相比，ACTA 没有更好的代名词，于是便提出了"信息主义"的概念。有时候，自由主义的保护可能一不小心就会走向偏执。若想要做得更好，我们需要理解以下问题，知识产权是信息社会新型基本伦理的组成部分，对其的保护需要在复杂的法律和道德基础设施中找到平衡；这种体系必须服务于正确的价值观和道德观。这意味着，在自由基本伦理层面上可以在两类人中寻找到契合点，一类人认为新法律（如 ACTA）是已有伦理和法律义务（如贸易协定）的简单实现；另一类人则认为新法律是已有伦理和法律文明的自由融合。

在超历史时代，任何影响人们处理信息的规定注定会影响整个信息圈和人们的上网习惯。因而强制性权利比如知识产权就成了环境问题。这并不意味着任何法律都必须是消极的。这里有一个关乎复杂性的教训：权利（如知识产权）是基本伦理的组成部分，影响着信息圈的环境，而立法所带来的有意或无意的后果是广泛而深远的。这些后果需要仔细考量，因为一旦出错，将会带来巨大的问题，我们的后代也将会为此付出昂贵的道德和经济代价。处理"已知的未知"的最好方式就是小心翼翼、保持警惕、关注行动进程，一旦出现负面影响，就要勇于改变自己的决定和策略。并不存在什么完美的法律，只有能够不断完善的法律。基本伦理塑造方式的良好协议应该包括对条款的及时更新。

最后，认为自己能够如局外人一样控治不同于自己生活环境的环境，这种想法是错误的。法律文件从信息圈中出现，反过来也能影响信息圈。我们正在从内部向外地建设、重建和翻修房屋。借用前文的比喻，我们在小船上时也在修整小船。这正因为，遵守、侵犯以及行使权利（如知识产权）的问题对高级信息社会来说，也是基本伦理和环境的问题。因此，为了设想出合适的解决方式，我们能做的就是把过程本身融入到基本伦理框架和道德价值中。这就意味着，信息圈应

该能从内部而不是从不可能的外部来控制它自己。

超历史时代的冲突与网络战争

据说，当罗马骑士在赫拉克勒斯战役（Battle of Heraclea）中首次看到皮拉斯（Pyrrhus）的 20 头战象时，就被这些从未见过的可怕生物震慑住了，他们狂奔而逃，并最终战败。现在，新型的"大象"是数字化的。也许人们才刚刚开始关注这种现象，但在超历史时代中，信息与通信技术正逐渐开始塑造武装冲突。

当政治无法解决冲突时，争论便会恶化为军事冲突。在超历史时代，这种武装冲突会重新获得信息特征。网络战争或信息战争是以数字为手段的冲突的继续或替代形式，更依赖于我们之前对克劳塞维茨战争的解释。以下 4 种主要变化值得我们注意。

第一，就传统军事行动来说，信息与通信技术已经大大革新了通信技术，使更为复杂的野外作业形式成为可能，克劳德电报的情况就是这样。

第二，信息与通信技术使得对大宗数据的快速分析成为可能，使得军事、智能和法律执行的通信技术能够更加及时和有针对性。信息与通信技术和大数据也是武器。

第三，最具有意义的是，现代战争的主体都是高机动性的部队，配备有即时的信息与通信技术设备、卫星和战争传感器以及成千上万的机器人等。

第四，社会逐渐独立，依靠高级信息与通信技术的军队会发动战略性的网络袭击，意在导致代价高昂而后果严重的破坏。我们可能不再需要人类士兵组成的军队。这就和自杀式恐怖主义形成了鲜明的对比。一方面，人类的生命可以实现最终的价值，因为国家再不需要以爱国的名义而践踏民众的生命；无人机不再会为了"国王和国家"而牺牲自己。网络战争将成为超历史时代的现象。另一方面，恐怖主义使人丧失人性，变成暴力武器。自杀式恐怖主义是历史时代的现象，科技相当于人们的身体，而人则成了"活着的工具"（living tool），也就是第 2 章所讲的"奴隶"的定义。

原有的经济问题——如何为战争和高成本科技集资的问题，现在又有了新的法律问题：如何调控具有历史时代现象的超历史时代战争，例如，对于国家主权和地理边境的侵犯。另外，国家、网络系统，甚至是小型组织和群体都能发动网络袭击。信息与通信技术可以更容易地制造非对称的冲突，使战场转移到信息圈内。

转变的规模异常惊人。例如，2003 年伊拉克战争开始时，美国军队还没有任何陆战队机器人。然而到了 2004 年，他们已设计出 150 个机器人，而到了 2005 年，机器人的数量已经达到了 2 400 个，到 2008 年年底时，大约有 24 种总数为 12 000 个机器人在执行陆地作战任务。

2010 年，欧洲委员会副主席尼莉·克洛斯（Neelie Kroes）对"网络欧洲 2010"（Cyber Europe 2010，即首个泛欧洲的网络体系仿真训练）评论道：

> 这次演习旨在测试欧洲对网络威胁所做的准备情况，是我们团结合作反抗基础设施存在的潜在网络威胁和保证人们及商业安全的极为重要的一步。

正如你所看到的，这个观点最能体现超历史时代的特点。

信息与通信技术调节的冲突模式也在以下几个方面提出了不同的道德问题，如实地作战军队、情报收集服务、决策制定和伦理问题等。这些问题大体上可以分为三种：风险、权利和责任。

第一，风险。基于网络战争和信息的冲突会不断增加风险，使得"软冲突"更有可能发生，因而潜在地增加了人员伤亡。2004—2012年，由美国中央情报局（CIA）操控的无人机在巴基斯坦杀死了2 400多人，其中包括479名平民；2005年发生3次撞击事件，2011年增加至76次。更棘手的是，信息与通信技术使非常规冲突在道德上变得更容易接受，因为其强调了网络空间军事行动的低致死性。然而，这完全只是幻想。妨碍医院和机场正常运转的信息与通信技术基础设施更容易造成人员伤亡，只是没有炸弹那么明显而已。除了这些，我们还有这样的错误认识：我们到了可以更加精确、外科手术式地、不流血但暴力地处理政治分歧的阶段。

第二，权利。网络战争倾向于消除现实和模拟、生活和玩乐，以及传统冲突、暴动和恐怖活动之间的界限，这就加剧了基本权利之间的潜在冲突：信息冲突需要高级别的管制，而这种管制会造成个人权利（隐私）和社会权利（安全和安保）之间的冲突。国家的责任在于保护公民的权利，但国家也有责任通过监视的方式来保护公民不受伤害，而这两者却相互冲突，最终将有可能侵犯公民的隐私。

第三，责任。网络战争加深了重塑的和分散式的责任的识别困难。因果关系更不易识别，而当软件／机器人武器和人类机器也参与其中时，就更难分辨谁应负责了。

简而言之，网络战争是一种新现象，足以让我们为之震惊。为了有备无患，我们更应该对其有个更好的了解，原因有三。

首先，关注社会的性质。进入现代和工业时代，冲突已变成机械化的二级特性。从战舰到坦克再到飞机，引擎就是武器，人们一致认为应该首先强调能源和石油，然后才应该强调核动力。装备线和战场战壕、劳动力和战斗力之间存在着怪异的类比。传统的战场是运动型战场，而非运动型战场根本不存在。"冷战"和非对称的冲突是后工业时代产业转型的一部分。如今，在这样的文化背景下，"引擎"一词前面更应该加上"搜寻"而不是"石油"。超历史时代可能会以数字化科技、子弹、电脑和枪支来作战，尤其是数字体系倾向于掌控模拟武器。这里我并不是指使用人工智能、间谍或密码学，而是指在伊拉克和阿富汗等国家，网络攻击或无人机以及其他军用机器人的广泛使用。这是老新闻了。

> 2007 年 4 月 27 日，世界范围内大约有 100 万台电脑用来攻克分布式拒绝服务（DDOS）对爱沙尼亚政府和企业网站的袭击。DDOS 袭击是使电脑资源瘫痪的系统尝试，它通过协迫重要的网址、服务器重置以及消耗电脑的资源或破坏电脑的通信，从而使其不能正常的运作。俄罗斯因此被指责，但否认参与其中。2010 年 6 月，一个复杂的电脑恶意软件病毒 Stuxnet，破坏了伊朗布什尔核电站数量庞大的西门子离心机。当时，美国和以色列也否认参与其中。

我在写作本书时，美国信息与通信技术基础设施正遭受接二连三的袭击。之后就出现了机器人武器，这被认为或许是战争工业化最后阶段，更有趣的是，作为信息冲突发展的第一步，命令、监管、行动和反应在机器人武器阶段都成了新概念。

人类在三级技术冲突中不再是决策者。从信息圈的软件智能体到物理环境中的机器人，我们不能对网络战争的非暴力性质太过乐观。**人类越依赖信息与通信技术，它们越能覆盖整个世界，网络袭击就越为致命。**不久之后，破坏敌人的通信和信息基础设施就像迅速消灭敌人的心脏起搏器一样致命。

其次，对环境本质的思考。几十年来，我们一直在谈论互联网和网络空间，也很容易能想象出它们将会成为人类冲突的新领域。科技在继续发展。在技术允许的范围内，我们在陆地、海上、空中和太空进行着长期而持久的征战。信息圈也毫不例外。信息是第五元素，军事领域称网络战争为"第五战争"。似乎在不久的未来，第五领域最终将会主宰其他领域。下面这两个例子可以给出解释。

> 1999 年 5 月 13 日，伊拉克的 MiG-25 飞机袭击了美国空军"捕食者"号无人机 MQ-1，由此引发了飞机和无人机之间的首次战争。从 1995 年以来，大约有 360 架无人机被成功生产，花费了 238 亿多美元。第二个例子是，从 2006 年以来，三星也一直在生产 SGR-A1。SGR-A1 是一种拥有低光摄像机和模式识别装备的机器人，能够区分人类和其他动物或物体。它可以巡视韩国与朝鲜的边境，如果有必要也可以自动开启内置枪。一旦电话战争牵涉其中，人们就会越来越难以区分网络战争和传统型战场。

最后，对控制论起源、计算机、互联网、GPS、无人机以及交通工具的思考。这些工具一开始都是作为军用品而发展起来的。复杂计算起源于第二次世界大战和图灵在布莱切利公园（Bletchley Park）的工作。控制论，当代机器人的鼻祖，在二战中却是在工程领域发展起来的，并与炮架的自动控制和雷达天线的应用有关。互联网是军备竞赛和核扩散的结果，但我们却慢慢忘记了美国国防部高级研究计划局（DARPA）在其中的重要作用。GPS 现在被用来为导航系统提供卫星定位信息，当初就是被美国国防部发明和设计出来的，直到1983年，GPS才被用于民用领域。而无人机的发展，不但得益于美国军队、自动交通工具（仍与DARPA有关）和机器人技术的发展，同样也得益于伊拉克和阿富汗之间的冲突以及对恐怖主义的抗争。总而言之，数字信息与通信技术的大部分发展历程及之间的冲突与经济的发展史有着惊人的相似之处：第二次世界大战、"冷战"、第一次和第二次伊拉克战争、阿富汗战争，以及对世界各地的恐怖主义抗争。超历史时代已经紧紧地跟上了我们的发展步伐。

前文的概括有助于人们理解网络战争或信息战争能够从根本上改变我们对军事、政治和道德问题看法的原因。国家、战争的概念以及文明社会和军事组织之间的区别正在受到影响。随着网络武器的迅速"衰退"，我们会见证新一轮的军事竞赛吗？毕竟，你只能使用一次恶意软件，因为网络补丁很快会出现，某些技术也很快就会过时。如果网络上也有裁军，人们该如何淘汰网络武器？数字化系统也可能被黑客攻击：在不久的将来，为了与造成数字化和网络危害的事物做最后一击，驿马快递（Pony Express）会东山再起吗？其中一些问题比较容易解决，而另外一些则变得越来越棘手。请允许我强调其中人们更为感兴趣的两个问题。

关于正义战争理论（Just War Theory）的知识和讨论详细而广泛。这是继罗马时代以后所经过的长达几个世纪讨论协商的结果。当今我们所面临的方法论问题是，信息战争仅仅是另一个应用领域，抑或它也是一个具有破坏力的创新，需要理论方面的新发展？例如，就开战正当性而言，什么样的当局才拥有发动网络袭击的合法权利？如何把网络袭击当作最后手段，尤其是在网络袭击能够阻止发生更具破坏力的后果时？就战时正当性而言，网络袭击应该占多大的比重？人们如何向网络敌人投降，尤其是当他们的身份被故意隐藏时？机器人如何对待非战斗者或囚犯？当机器人武器被工程化后，有可能或需要开发其内在的"道德算法"吗？

自希腊时代以来，同样得到发展的还有军事美德伦理。后者如何应用于重新塑造美德伦理本身？我们要记住，美德伦理以哲学人类学为先决条件，也就是说会从一系列人中考量，如亚里士多德、佛教、基督教、孔子、法西斯、纳粹、斯巴达等等。我们从之前的章节中看到，信息战争只是图灵革命的一部分，影响着人们作为信息体的自我理解。就拿勇气的传统品质来说：远程控制军用机器人时，人们在何种意义上才会被称为勇敢？当评判、掌握信息的能力以及信息反馈的敏捷和迅速成为士兵应当具备的重要特质时，勇气是否能够在道德层面得到重视？

相似的问题似乎会引发新的理论，而不是原有思想的应用或改编。信息与通信技术在社会冲突的形成和处理方式上带来了革命性的变化。与此同时，有政策也有概念缺失。例如，美国国防部原计划在2015年用机器人来替代第三种武装车辆，但这些半自动化的新型武器的使用仍然缺乏道德准则。这是全球性问题。2002年的布拉格峰会标志着北约首次利用网络防御。5年后也就是2007年，已有多个国家在研究军用机器人，包括伊朗、白俄罗斯和巴基斯坦，但却没有产生任何有关发展道德准则的国际性条约。我们迫切需要在应用伦理学中对这个关键领域作出更多解释性和概念性的分析，并对一些早期方案的有效性作出更多评价，而在关于这些处理军事冲突的措施中，信息与通信技术的应用不断增加。这个问题已经迫在眉睫，急需共享信息和道德协调的伦理。

我们的目标应该是，对信息战争中道德伦理的当前状态进行信息共享和互动，开发阐释网络战争的新方面的全面框架，建立信息武器道德发展的重要共识，制定道德信息战方法的制度准则。

第一次世界大战中，有国家（如日本）使用化学武器做实验，这些武器使用的严重后果促成了 1925 年的《日内瓦议定书》中规定禁止使用生化武器。1972 年，《禁止生物武器公约》（BWC）中规定，限制生物武器的开发、生产和存储。总的来说，我们也是从那个时候开始，为了遵守 BWC 的规定而尝试限制它们的使用。核武器的发展也遇到了相似的问题。我们希望，信息战争和网络武器不久后也能得到同样的调控和限制，使人类无须再次经历可怕的悲剧。

让我们回到大象这个话题。公元前 46 年，在塔普苏斯战役（Battle of Thapsus）中，尤利乌斯·恺撒命令其第五军团用斧头武装以袭击敌军大象的大腿。军团在控告中无罪，而大象则成了象征。有趣的是，在那个时代，没有人想到如此残忍地对待动物是一种道德问题。我们应该思想超前点儿，因为历史有时是任性而又重蹈覆辙的。基于信息与通信技术的武器和策略研发正以指数级快速增长，我们应该团结一致来识别、讨论或解决以网络战争为特征的史无前例的道德伦理问题，虽然这种思想远远不够成熟。或许，我们首先得考虑通过发展新的思想来更新原有的伦理理论，而不是东补西补。正如我们在第 6 章所提到的民用机器人一样，信息战需要信息伦理。毕竟，iRobot 公司生产 Roomba 700 系列吸尘器，也生产用来处理敌人易燃易爆物的 iRobot 710 系列战机。

4TH
THE
REVOLUTION
智能新趋势

How
the Infosphere Is
Reshaping
Human Reality

国家的时代将不复存在

6 000 年前，人类见证了书的发明以及一系列新条件的出现，如城市、王国、帝国、主权国家、民族和跨国组织等。这并非偶然。史前时代是没有信息与通信技术和国家的。国家是典型的历史时代现象。当人类不再生活在小型社区里，不再过着仅能糊口的日子，生活开始无忧时，国家就出现了。大型社区成为政治社会，区分了劳动力和技术工人，以政府的形式组织，通过信息与通信技术来监控管理资源，也包括"金钱"这样一种特殊物品。从税收到立法，从司法管理到军事力量，从审查到社会基础设施，很长一段时间内，国家是终极信息智能体，因而，历史时代尤其是现代历史则是国家的时代。

从历史时代开始到如今的中间时期，柏拉图仍然尝试理解以下两种变化的意义：个体和城邦之间的书面符号和象征性交互对记忆的编码。50 年后，我们的子孙会像看待历史时代的国家一样看待我们，和第 1 章中人们对亚马孙河流域部落的态度毫无差异。想要理解这种转变，可能得花费不少时间。这是一个问题，因为我们没有另一个6 000 年。我们在和信息与通信技术玩技术牌，而且只有非常短的时间来赢得这盘棋局，人类星球的未来正处于危险之中。

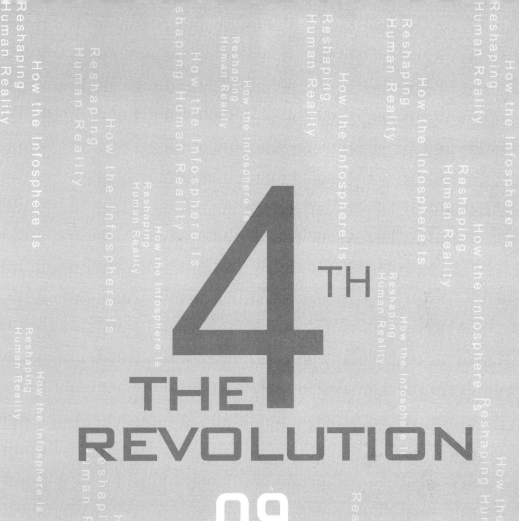

4TH
THE
REVOLUTION

09

环境
|数字棋局|

信息圈的发展正在危害生物圈的健康。智能信息与通信技术在环境危机中可能发挥巨大作用，虽然它们也可能是高能耗的，但在环境保护战役中，它们更可能会成为我们的主要盟友。在这盘和信息与通信技术的棋局中，时间变量至关重要。

人类世，高昂的环境代价

从历史时代到超历史时代的转变、信息圈的构建和诠释、线上生活以及对世界的定义和设定边界，这些巨大的变化都需要难以想象的庞大能量。就像没有创造世界却改变了宇宙的造物主一样，人类正在改造整个星球以满足自身的需求、愿望和预期。在第 1 章中我们讲到，人类已经花了超过上千年的时间来改造地球。虽然具体的改造程度在科学上仍有争议，但地质学家已经基本达成共识，需要采用一个新的、正式的地质世划分来承认人类对地球生态系统的巨大影响，也就是"人类世"。

"人类世"听起来是个与成功有关的故事。然而，为了这种成功，却要付出日益高昂的环境代价，其中一些最近已经变得不可持续。**信息圈的发展正在危害生物圈的健康，这是无法避免的风险，但应该得到更安全的管理。而且这种风险完全可以被成功管理，这也正是我要说明的问题。**

技术减少了限制，增加了机遇。通过这些途径，技术持续不断地重新设计了可行性空间，使得享受技术的智能体获得了更大的自由。技术的权力越大、能力越强，随之而来的风险的本质和范围也越可能发生变化，包括不理想的结果（可能产生的损害或损失）和错失的理想结果（潜在的利益和优势，以及经济学家所说的机会成本）。因此，由于其本质属性，技术同样倾向于重新设计智能体运行和交互的风险空间。技术似乎无法在不改变相应风险的基础上改变限制和机遇，不管是消极的（错失的理想结果）还是积极的（潜在的不理想结果）。因此，无风险的技术是一种矛盾说法，正如能源工业发生的灾难和危机一直给我们的沉痛警示那般。尽管如此，技术固有的风险并不是我们失望的理由。因为技术同样能够降低风险的空间，并使之更易于管理，这是谨慎乐观的基础。

随着时间的推移，限制减少、机遇增加以及新风险产生这一简单循环，将冒险者的集合转变为更大的风险承担者和利益相关者集合的子集。在某一特殊风险中，所有冒险者（作出有风险的选择的人）都是风险承担者（被所承担的风险影响的人），但还有很多风险承担者并非冒险者。令人难以置信了的是，驾驶战车的人被认为是唯一的冒险者和风险承担者，而古罗马时期已经有了规范交通和驾驶行为的法律。冒险者和风险承担者的这种完全重叠在出租车司机身上更加难以想象。如今，在政治社会里，风险承担者试图通过一系列规范来保护自己不受冒险者行为的影响，包括标准、协议、执照、限制条件、合理使用、安全测量和保险等。一旦这些规范进入正式立法程序，风险管理就可以依靠法律体系和安全技术来为技术的使用和发展设立限制并创造机遇，同时将涉及的风险最小化。它们将从同一个方向发挥作用，并且都是解决方案的一部分。法律体系和安全技术合起来构成了元技术。它们在其他技术的基础上——而不是与其他技术一起，发挥作用，并规范其他技术的二级技术和三级技术。

一些元技术可用于保证其他技术更安全、更高效和更经济地运用，这一观点并不新潮。它在 20 世纪 80 年代就已产生，也即 1979 年 3 月 28 日美国宾夕法尼亚州三里岛核电站部分核反应堆熔毁事故之后。的确，人们可以争辩说詹姆斯·瓦特在 1788 年设计的第一个蒸汽机调节器①是二级元技术的经典案例，它可以通过调节引擎的燃料用量来尽可能地保持机器匀速运转。不过，我想到的内容更加广泛。我认为，**元技术不仅应当包括用来调节其他合适技术的相关技术，还应当包括规范技术的研发以及后续使用和应用规则、惯例、法律和总体的社会政治条件。**正是元技术的这一广义概念为一些谨慎的乐观主义观点提供了上述基础，下面的例子可以体现这一点。

首先考虑潜在的负面风险，也就是技术的错失的理想结果。信息与通信技术已经使信息经济成为可能，它还能作为元技术帮助智能体识别利益和挖掘机会。同样，法律作为元技术，也可通过鼓励智能体成为潜在的冒险者来处理负面风险。

> 德国是一个很好的例子。由于有太阳能补贴，德国的太阳能市场是迄今为止全世界最大的，其 2011 年的总装载容量相当于全世界总量的 40%。不可否认，已知的风险有点像是疼痛：它们可能不被欢迎，但常常是一些重大问题的信号。因此，激励就像止痛片，应当小心使用，因为它们可能会有严重的副作用，例如隐藏旧问题、延迟旧问题的解决或造成新问题。在太阳能电池板案例中，出于财务成本和对能源市场扭曲效应的考虑，德国于 2012 年修订了《光伏上网电价法》以减缓呈指数级增长的装载速度。

同样，从环境角度来看，回顾一下 2010 年世界排名前 10 的太阳能电池板制造商，其中 5 家来自中国并且占据了全世界 40% 的光伏市场。类似的分析还可以引申到许多其他案例上，例如可持续的用玉米生产酒精、煤转油合成燃料以及

---

① 1788 年，瓦特发明了蒸汽机的飞球调节器，这是反馈调节器的一种最成功的应用，它使得蒸汽机工作速度更加均匀。——译者注

水力压裂法抽取天然气。然而，所有这些都不应当使我们沮丧。如果认真应对，激励可以转化为明智的投资，并能够为能源工业由污染型向清洁能源、可再生能源转变搭建必要的桥梁。**道路狭窄并不能成为不去尝试的理由，因为它可能是增加采取正确措施紧迫感的唯一道路。**

接下来考虑潜在的积极风险，也就是技术的不良结果。元技术立法思路的最佳体现通常不是通过激励抵消负面风险来提供启示性，而是在其通过强化抑制处理积极风险以设立限制时，也就是当它关注"不要做"而不是"要做"时。此时，这条道路会更加宽阔，并可由 4 种主要策略来代表：预防策略、限制与修复策略和补偿策略。

预防策略

再强调一次，没有任何元技术策略是绝对可靠、不会出错的。预防策略在完全禁止某种技术时也可能过于偏激。举例来说，意大利是最早使用核能的国家之一，20 世纪 70 年代曾是世界第三大核能发电国。但切尔诺贝利事件①发生后，1987 年的全民公投导致所有既存的核电厂被弃用，加剧了意大利对能源进口的依赖，电价也相应飙升至欧盟平均电价之上。2011 年福岛第一核电站事故发生前，意大利正在重新考虑建立核电站的可能。毫不意外的是，事故的发生中止了该政治进程（目前该项进程还在努力中）。别忘了，意大利是从它的邻居法国那里购买电力的，而法国则有近 80% 的电力来自核电网。

---

① 即 1986 年发生在乌克兰境内切尔诺贝利核电站的核子反应堆爆炸事故。该事故被认为是历史上最严重的核电事故，也是首例被国际核事件分级表评为第 7 级事件的特大事故（目前为止，第二例为 2011 年 3 月 11 日发生于日本福岛县的福岛第一核电站事故）。——译者注

限制与修复策略

相对的预防可以理解为允许技术发展,但尝试预防或限制其风险产生的措施,则有点像防抱死制动系统(ABS)。预防策略以及当预防失败时,限制和修复所发生的非期望结果,是元技术策略的允许范围。这意味着要更小心地进行协调。这些策略越灵活,它们对相关法律和安全技术解决方案之间的正确协调依赖性越高。然而,以上这些都可能失败。

2011 年 3 月 11 日,日本东北部发生地震和海啸后,地震波及区域的 16 个核电站(包括福岛第一核电站)在两分钟内被全部关闭,并迅速、正确地启动了冷却步骤。这是几乎所有核电站都具备在重大自然灾害中存续并不受损害的恢复能力的证据。依照现行立法要求,福岛核电站外建有可防御约 5.7 米高海浪的防波堤,然而实际袭击福岛核电站的海浪高度约为 14 米,并轻而易举地淹没了反应堆。接下来发生的问题和灾害都是安全和法律元技术体系失败的后果。2012 年,日本国会调查组认定福岛第一核电站事故是"一场彻底的人祸"。

然而,在所有这些案例中,关键点在于,我们要认识到,越来越多的非期望结果要求更多(而不是更少)先进的、有前瞻性的、久经考验的元技术(法律和安全技术)。这是良好的设计可以带来的巨大不同的地方,不只是减少非期望结果发生的概率,还会提高发生非期望结果时减弱其影响的恢复力。体系失败之后第二糟糕的事情,就是该体系无法成功应对其自身的失败。

补偿策略

如果设计不好,第四种元技术策略同样可能会失败。补偿并不是应对技术非期望结果的最佳策略,就像家庭保险并不是处理火灾的最佳方法一样。补偿策略也不应该被当作威慑。如果威慑是目的的话,那么法律或许应当禁止有问题的技术，或者建立一个处罚和积分系统。这样，相关的国际权威机构，例如国际原子能组织，就有权对由于技术失误而造成损失和危害的智能体进行处罚和记过。把这一情形与一些国家的法律体系相比。在这些法律体系中，当驾驶员违反道路交通法规时，驾照管理部门将对其予以扣分处理。补偿策略是管理技术故障发生前的成本（保险费）和发生后的成本（偿付）的策略。如果没有谨慎校正的话，补偿策略的效果同样可能不如人意。

"埃克森 - 瓦尔迪兹"号（Exxon Valdez）在阿拉斯加港发生漏油事故后，美国国会于 1990 年通过了《石油污染法》（Oil Pollution Act），规定近海设备的租赁方和所有者在发生泄漏事故时需缴纳 7 500 万美元的罚款，并承担清理费用。这在当时看来或许是个合理的补偿上限。然而，尽管 2010 年"深水地平线"钻井平台爆炸事故的具体损失规模尚不清楚，但相关主体宣称的损失已经远远超过了 7 500 万美元。考虑一下，在规模小得多的"埃克森 - 瓦尔迪兹"号泄漏事件中，公共自然资源和私营经济的损失就已经达到 23 亿美元，因而此时该做的是重新考虑这类法规的设计。这也是为什么"深水地平线"事故之后白宫试图提高赔偿的上限，而英国石油公司（BP）却发誓要让它搁浅，这或许正是为了避免由于违反安全规定而导致的巨额赔款。

当然，在处理技术的积极和消极风险时，法律和安全技术本身也可能产生积极和消极的风险。但这里并不存在无限回溯的问题，因为处理元技术的风险已经不是技术问题，而是伦理问题。什么是应该优先考虑的，如何发现和分配有限的资源，什么样的风险是由谁承担的、谁可以接受、对谁有利……这些问题以与之相似的问题都没有无争议的答案，而且它们也不是技术性的问题。它们是开放性问题，需要明智的、合理的和宽容的讨论，以及开放的头脑。换句话说，需要辩证的态度。

显然，没有无风险的技术，即便在阿米什人[①]的生活方式中也没有。因为技术推动着可能性的极限，而这不可避免地会带来风险。唯一完全安全的技术是还没有被发明的技术。同时，也没有零成本的技术风险管理解决方案。不过，同样清晰的是，存在能够成功处理任何技术所暗含风险的元技术方法。这也是智能信息与通信技术不可或缺之处。我们应当进一步并且更明智地投资元技术：教育，作为可以改进人们观念的"技术"，正如我们在第 3 章中所说的；法律，作为可以改善社会关系的"技术"；当然还有二级元技术和三级元技术，它们规范和监控着其他技术。我们需要所有这些元技术，因为未来与过去相比，只会变得更加科技化、复杂化并且更具挑战性。

当然，还有一个重要的风险，它同样是与时间相关的。通过发展智能信息与通信技术来应对人类世的环境成本，我们是在下一场棋局，我将在下一节中说明这一点。

绿色棋局

如今，智能信息与通信技术在环境危机中可能发挥巨大作用，但这里有个重要的漏洞。它们也可能是高能耗的，因而会对环境造成潜在的不利影响。一些有针对性的数据有助于阐明这一观点。

---

① 阿米什人（Amish）是美国和加拿大安大略省的一群基督新教再洗礼派门诺会信徒（又称亚米胥派），以拒绝使用汽车及电力等现代设施、过着简朴的生活而闻名。——译者注

2012 年，全世界的数据"仓库"一共消耗了 300 亿瓦电，大约是 30 个核电站的年发电量，即一个数据中心消耗的电量可能比一个中型城市还要多。近几年来，由于人类产生的数据量的增加，这个数字还在不断变大。泽字节量级的数据同样需要泽量级的电量。2000 年，数据中心消耗的电量占全世界总耗电量的 0.6%。2005 年，这一数字增加到 1%。2007 年，信息与通信技术共排放了 8.3 亿吨二氧化碳，约占世界总排放量估值的 2%，与整个航空工业的排放总量大致相当。据估计，到 2020 年，信息与通信技术相关的二氧化碳排放量还将增加 6%，届时其排放量将大大超过航空工业的碳足迹。目前，信息与通信技术每年的二氧化碳排放量已经超过阿根廷和荷兰。根据上述数据，美国加州的许多数据中心被联邦政府作为主要污染者列入有毒空气污染物目录也就不足为奇了。2013 年，谷歌买下了瑞典所有风力发电厂的电力产出（72 兆瓦），以满足其芬兰数据中心的电力需求，并试图保持碳中立。

这并不是一幅绿色环保的图景。然而我们同样知道，信息与通信技术在环境保护战役中可能是我们的主要盟友。根据麦肯锡公司的估计，到 2020 年，信息与通信技术每年将能帮助减少 78 亿吨温室气体的排放，相当于如今全球温室气体年排放量的 15%，同时是 2020 年这些技术自身排放量的 5 倍多。

这是一个不仅正向而且还有很大改进空间的平衡。麦肯锡公司还发现，2008—2012 年间，工业能源的高效利用成效甚微，仅占到总能源消耗量的 6%~12%。

2008 年，气候组织（The Climate Group）[①] 发布了题为《智能 2020：实现

[①] 2004 年由时任英国首相的托尼·布莱尔和来自北美、欧洲和澳大利亚的 20 位商业精英和政府领袖共同发起成立。到今天，已发展成为在全球最享有盛誉的专注于气候变化解决方案的非政府、非营利性机构之一。目前它有 90 余名员工驻扎在英国、美国、中国、澳大利亚、印度、加拿大和比利时的多个办公室。——译者注

信息时代的低碳经济》(*SMART 2020: Enabling the Low Carbon Economy in the Information Age*)的报告，其中对信息与通信技术环境效应的正反两面作了很好的阐述：

在正常情况下，信息与通信技术领域自身的排放量将从 2002 年的 5.3 亿吨二氧化碳当量(CO_2e)[①]增加到 2020 年的 14.3 亿吨。但本报告中认定的信息与通信技术机遇可能减少多达 78 亿吨 CO_2e 排放，相当于其自身碳足迹规模的 5 倍，或者 2020 年正常情况下排放总量的 15%。

通过图 9-1 可以更容易地理解上文所说的意思。

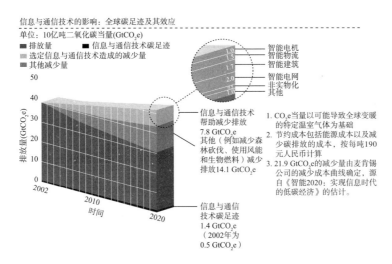

图 9-1　信息与通信技术及其对环境的影响

---

① 不同温室气体对地球温室效应的影响程度并不同。为统一度量整体温室效应的结果，需要一种能够比较不同温室气体排放的量度单位，由于二氧化碳对升温效应的贡献最大，因此，规定二氧化碳当量为度量温室效应的基本单位。一种气体的二氧化碳当量等于这种气体的吨数乘以其产生温室效应的指数。——译者注

总的结果就是，我们正处在一盘技术棋局中：我们依靠的是信息与通信技术对环境的益处比危害更显著且更早体现这一事实，同时我们有充足的时间从这一棋局中获得回报。时间变量至关重要，下面我将说明这一点。

开局弃子是国际象棋中的一种开局方式，通过牺牲一小部分（通常是兵）来获得优势。因而这是一种自愿承担风险的方法，即有策略地承担较大的损失，以获得更大的优势来补偿最初的损失。这样的特点描绘了"先恶化后好转"（worse before better, WBB）逻辑的总体特征。财务危机中的削减、军事冲突中的突进、对抗流行病时的宰杀动物，以及用化疗的方式来治疗癌症，都是这一逻辑的案例。图 9-2 阐明了其一般模式。

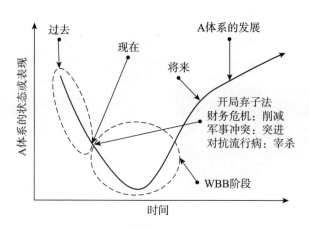

图 9-2　先恶化后好转（WBB）的逻辑

对信息与通信技术来说，开局弃子棋局在于产生一些碳排放（失去兵）的同时，试图降低全球的碳足迹（赢得胜利）。当然，对任何以运营数据为中心的公司来说，这都是可靠的经济策略。这仍然是一个棋局，因为我们赌的是有足够的时间来改进信息与通信技术，通过它们来提升环境的健康水平，从而让我们从这一策略中获益（见图9-3）。

如果开局弃子法能被聪明地使用，我们将会得到回报。然而，为了保证这一策略能够获得胜利，我们必须确认这不是一个错误（我们偶然会因为计算错误而损失了兵），而是一种成功的策略，并且考虑了时间变量，以保证有足够的时间弥补已经发生的损失。这意味着要投资于绿色计算。

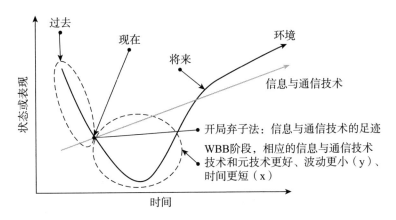

图 9-3　信息与通信技术和绿色棋局

智能前沿

我们迫切需要更多可持续性的（碳足迹更低）、能更好地保护环境的（更友好）信息与通信技术，尤其是作为元技术。它们应当帮助我们"用更少去获得更多"（更好地使用既有资源）、"用剩余的去获得更多"（将可能被废弃的再利用）和"用不同的去获得更多"（使用替代能源，例如通过非实物化的支持）。我们不仅需要这些信息与通信技术自身，更需要能够调节其他技术的元技术，以更安全地实现必不可少的能效和安全，从而在开局弃子棋局中获利并最终获胜。任何人都不应当对开局弃子棋局的危险本质抱有幻想。更好地认识和管理这一策略的危险本性和潜在收益才是更明智的做法。

环保机器

　　最环保的机器是能量转化率为 100% 的机器。然而，这种机器相当于永动机，而后者只是一个白日梦。但这种无法达到的极限并不代表它不能被无限接近。能量损耗可以被大幅降低，能效也可以被大幅提高（这两类进程不一定一致，例如循环再利用与用尽可能少的能源做尽可能多的事）。两类进程通常都可以依靠信息管理的重大进步来推进，特别是通过构建和使用硬件设施以及更好的运作。信息与通信技术可以帮助我们对抗毁灭、枯竭、故意破坏、浪费自然资源和人力资源，包括历史和文化资源的行为。因而在我称为综合环境保护主义（synthetic environmentalism）或者电子环境主义（e-nvironmentalism）中，信息与通信技术是我们珍贵的同伴。因此，这可能是重新解读苏格拉底伦理的理智方式：我们作恶是因为我们不知道更好的方式。从这个意义上说，信息管理得越好，我们就会越少做道德败坏的事。其挑战在于，如何协调好我们作为自然中的智能体和自然中的管家两个角色。我们必须成为正确的"造物主"。好消息是，这是一个我们可以完成的挑战。

　　目前我们所面临的能源问题不会轻易消失。要说有什么变化的话，那就是，随着更多国家进入工业化时代和这些国家人民生活水平的不断提高，以及越来越紧迫的全球变暖问题和信息圈的发展，能源问题不断加剧恶化。如果希望在事情变得无法收拾和不可逆转之前拦住它的话，我们就应当从元技术的角度立即且果断地重视这一问题。同时，如果伦理分析显示当今的元技术和可预见的未来元技术风险需要的话，我们还应当做好在消费和成本方面作出牺牲的准备。一个更好的世界很可能是一个在道德和经济上要求更高的世界。"现在疼痛"可能是留给我们的唯一成功策略。

未来人类的生存之地

从闪族人到 iPod 的圆形按钮，讲述科技故事的发展有一个方法，那就是根据技术层级的进化发展，这里的层级指的是一级、二级和三级系统。这些系统在垂直方向上互相依赖，在水平方向上紧密结合，系统与系统之间相互替代，又取长补短，彼此依赖且不断互动。如果这里还有一丝古代技术哲学的影子，那很有可能是因为只有一级技术存在。随着二级技术的到来，即使是这样一个微量的中性增长，也都逃不过哲学的审查。因此，现代哲学就如霍布斯的理论所说的，也是一门呆板的哲学；如黑格尔、马克思所说的，是一种动态记忆的哲学；如海德格尔、福柯或利奥塔所说的，是对呆板文化的批评。当代哲学仍然在塑造中，但已经被理解成了三级技术的对立面。我想，未来历史学家很可能会这样记述普遍存在于我们这个时代的信息式思考：从使用网络导向性方法来理解社会到"输入 - 详细阐述 - 输出"的处理策略；从分散式的代理框架到将彼此间的联系看成是动态交互；从用交互界面式方法理解知识到以数据为基础、以软件为驱动的科学概念，等等。她会被我们抽象自己、抽象世界、抽象文化的方式所震惊，因为我们不再从历史时代的、机械的角度，而是用一种超历史时代的、信息化的方法去抽象。

有一段时间，人机交互成了网络空间的前沿。因为这个原因，我们将自己看成是处于这个空间之外。你也许会回忆起图灵那场有名的实验，他组装了一个键盘和屏幕的交互界面。半个世纪过后，这种交互方式成了每个人日常生活的一部分。得益于无处不在的电视以及它们在传播知识、娱乐大众中的作用，在交流、获得信息、经商、娱乐和社交等过程中，我们依赖于这些交互界面并将它们当成是我们的另外一层皮肤。我们已经"搬"进了信息圈中。

信息圈的传播天性同样取决于我们在多大程度上将它的交互界面当成是现实中不可缺少的一部分，在多大程度上将其透明化，这些观点现在都不复存在了。重要的并不是用比特替代了原子——大众传媒社会学所提倡的一种对信息社会过时的、基于通信的解释，而是另一个基本事实，即我们对现实的本质与架构的理解和观念正在发生变化。确实，我们已经开始将虚拟当成是现实的一部分，将现实的一部分当成是虚拟的。正如在第3章中看到的那样，我们最好将信息社会看成是一个新的制造业社会，只不过原材料和能源被数据和信息所取代，而这些才是新的"数字金矿"和增值的真正源头。**信息的创造、设计和管理，而不仅仅是信息通信和信息交易，才是正确理解超历史困境以及信息圈可持续发展的关键。**

这样的理解需要一种新的表述。那就是我们说给自己听的另外一类新的、与我们的处境和我们希望去探索的人类工程有关的故事。这看起来像是错误方向上的一次不合时宜的举动。从马克思主义和自由主义到所谓的"历史终结主义"都有许多对"宏大叙述"的批判。但事实是，这样的一次批判本身就是另一次叙述，而且它并没有什么作用。对宏大叙述系统性的批判不可避免地成了其要解决的问题的一部分。理解为什么会有这些叙述、是什么在支撑着这些叙述、有什么更好的叙述方法可以替代它们，才是一个更加成熟和有效的解决方案。

信息与通信技术正创造新的信息化环境，未来人类将在这个环境中度过大部分时间。之前在创造财富过程中的革命，特别是农业革命和工业革命，使我们的社会和政治结构以及建筑环境发生了变化，这种变化通常没有什么前景，但却有着很深的概念性意义和道德意义。这一次图灵革命——不管是从创造财富的角度将其当成第三次革命，还是从抽象我们自身的角度将其看成第四次革命，仍然会非常剧烈。我们正在构造的这个全新的现实和精神环境将是未来人类生存的地方，如果不认真对待这个事实的话，我们将陷入深深的麻烦之中。

鉴于这个重要变化正是一种信息与通信技术主导的交互，无论这种交互是现实的还是虚拟的，我们都会在自我认识的过程中日益与其他智能体一起享受这种交互。因此，为了解决这个信息与通信技术引起的新道德挑战，整体环境解决方案似乎是一条有效的途径。[①]这个方案不会偏向于那些自然的和原始的东西，而是将所有的存在物和行为都当成是真实的和可信的，即使它们是基于那些虚拟的、合成的、混合的和被设计出来的人工制品。

我们的任务是去构造一个道德框架。在这个框架中，信息圈会被当成一个值得受到道德关注，并关心居于其中的信息体的新环境。这个道德框架必须能够解决新环境中产生的前所未有的挑战，它必须是整个信息圈的电子环境保护伦理。这一类综合环境保护主义（既从整体和个体的角度，也从虚拟的角度）需要我们在以下方面作出改变：怎样认知自我以及我们在真实世界中的角色；什么值得我们去尊重和关心；怎样让自然和虚拟世界结成同盟。我们需要从个体、社会和政治层面深刻反思这项人类工程，严格地检阅我们现在的叙述方式。这些紧迫的问题值得我们非常专一地投入全部的注意力。不过，我认为，要让大部分人认识到信息圈是一个需要从整体利益的角度去保护的公共场合，仍要花费一些时间。它需要一种全新的教育体系和更高的敏感度。我希望本书可以对这个正确的改变有所贡献。

① 我曾在 2013 年致力于建设这样一套电子环境的道德标准。

我写作本书时，在不同场合得到过许多朋友不同形式的帮助，因此我确信，如果我试着一一说出他们名字的话，无论这个名单最终会有多长，我仍可能会漏掉一些人。因此，在这里我将稍作限制，只感谢那些对我研究的最后阶段以及整个写作"长跑"过程有着较大影响的朋友。

我非常感谢牛津大学出版社的高级责任编辑 Latha Menon，感谢她给我勇气让我能够投入到这场野心勃勃的工程中。感谢她在本书不同阶段的无私奉献，以及她多年来在我不断要求延长截稿期限时给我的支持。她读了本书的草稿并将其修改得更容易被读者接受。

致 谢

与 Authony Beavers、Terry Bynum、Massimo Durante、Charles Ess、Amos Golan、Mireille Hildebrandt、Hosuk Lee-Makiyama、Marco Pancini、Ugo Pagallo、Mariarosara Taddeo、Matteo Turilli、Menno van Doorn、Marty J.Wolf 等人的多次谈话使得本书更加完善。我们曾多次畅饮，但我仍然欠他们几顿好酒。尤其需要感谢 Massimo Durante、Federico Gobbo、Carson Grubaugh、Ugo Pagallo、Marty J.Wolf 等人颇有见解的反馈，他们读了我的书稿，并指出了其中需要修改的地方。

我要感谢我的妻子 Anna Christina（Kia）De Ozorio Nobre。我不仅要一生一世地爱护她，还要感谢她提出了进一步了解第四次革命的初步设想，感谢她对我的无限信心，相信我能够达到她的高标准、严要求。她听了我太多

的抱怨，抱怨这本书是多么难，以至于在我真正完成本书时都有些不好意思了。没有什么比最终的成功更能让你所爱之人开心了。在那些令人难忘的夜晚，我曾在家中的壁炉前将终稿读给 Kia 听，她给出了许多必要而深刻的意见。

2012 年，我非常高兴自己可以加入一个名叫"Onlife Initiative"的研究小组。这个小组由欧洲委员会组织建立，主要研究信息与通信技术对欧洲社会数字传输产生的影响。作为欧洲委员会理事长顾问和通信网络、内容与技术理事会（Directorate General for Communications Networks, Content and Technology of the European Commission）的领导人，Nicelo Dewandre 发起并大力地支持了整个项目。我非常感谢她和 Robert Madelin，他们给了我一次大挑战，让我能够在真实世界做一些哲学研究。研究小组活动的产物是《The Onlife Manifesto》。它以我在本书中提出的一些想法命名，对此我感到非常荣幸。加入 Onlife Initiative 研究小组是我的荣耀，成为小组的一员是一次非常棒的智力体验。通过这个小组，我更好地领会了图灵革命的许多方面，如果没有这种活动，没有与许多杰出朋友的交流，我可能会忽视这些知识。所以，非常感谢我在 Onlife Manifesto 上的朋友，他们是：Franco Accordino、Stefana Broadbent、Nicole Dewandre、Charles Ess、Jean-Gabriel Ganascia、Mireille Hildebrandt、Yiannis Laouris、Claire Lobet、Sarah Oates、Ugo Pagallo、Judith Simon、May Thorseth 和 Peter Paul Verbeek。

本书终稿是我与牛津大学出版社的编辑团队有效沟通，特别是与 Emma Ma 积极交流的结果。牛津大学出版社指定的匿名评论者让我能够保持在正确的方向上，并不断前进。我的个人助理 Penny Driscoll 很好地校对了本书的手稿，让其更加通俗易懂。她也为本书的最终版本提供了一些非常有帮助的哲学反馈。虽然之前已经提过，但我必须再次强调：如果没有她不可取代的支持工作和毫无瑕疵的管理技巧，我是完不成本书的。

最后，我要感谢赫特福德大学（University of Hertfordshire）的 Brendan Larvor 和

Jeremy Ridgman，过去几年他们在我研究的不同阶段都提供了非常必要的支持；感谢英国艺术与人文研究会（British Arts and Humanities Research Council）和谷歌公司，它们以2010—2011学年和2011—2012学年的3次学术补助支持了本书的部分研究；感谢 Amos Golan，他曾诚挚地邀请我作为兼职教授加入美利坚大学（AU）经济学院信息度量研究所（Information Institute）；感谢我现在的学术之家，牛津大学互联网研究所（Oxford Internet Institute）。幸好我2013年在美利坚大学度过的一段安静、专注和系统的时间，才有可能最终完成本书。

谈起"革命"，大家一般首先会联想到的是"暴力""血腥"等字眼，然后以为本书是一本关于政治或者历史的书籍。但在牛津大学教授弗洛里迪这本《第四次革命》中，却与此类词汇毫无关联，"革命"只是用来形容人类文明史的里程碑而已。

现在流行的"跨界"一词用在本书作者弗洛里迪身上十分很贴切：他是意大利人，但在英国成名；先后获得文学、哲学等多个学位，并成为信息哲学和信息伦理的创始人，还曾两次担任国际计算与哲学协会（IACAP）主席。

弗洛里迪教授曾几次来到中国，并在北京大学、中国社科院等多家科研机构和院校发表过演讲。他认为，人类正在经历一场范围广泛且影响深远的图灵革命，这是一次继哥白尼革命（日心说）、达尔文革命（进化论）和弗洛伊德革命（精神分析学说）之后的人类文明史上的第四次革命，它对人类社会的模式和生活产生着深远的影响。

本书主要讨论了数字信息与通信技术会如何影响人类的自我认识、人类之间的相互联系、人类与这个世界的沟通方式，甚至是人类改造世界的方法。

信息社会的经济形态主要以知识为基础，强调无形的智力财产、信息密集型的服务业（商务和知识产权服务、金融和保险业）、公共领域（尤其是教育、公共管理以及健康保障行业）在起基本作用。由图灵所引导的第四次革命带来的最根本的改变是揭秘人类道德行为体之间的互联性。也就是说，信息有机体（也即信息体）与其他信息体、道德行为体共享一个信息环境。我们都是信息体，因而人类所处的综合环境就是一个"信息圈"。如何以生态的方法建造、形成和调节这个新的信息圈是第四次革命带来的关键性挑战。

自第四次革命以来，世界经济的发展速度越来越快，纳米技术、物联网、Web 2.0、语义网、云计算、动作捕捉游戏、智能手机 App、无人驾驶飞机与汽车、可穿戴设备、3D 打印、身份盗窃、网络战争等新技术和新词汇不断涌现，于是人们不禁会问：下一个出现的创新将是什么？

图灵革命给人们带来的益处是显而易见的，以互联网、人工智能、大数据为特征的图灵革命，对各行各业都产生了深远的影响，它除了促进经济的发展外，还让人们在生产、生活、人与人之间的交流、出行等方面都更加便捷、高效。

图灵革命也给发展中国家赶超发达国家提供了一个绝好时机，它给各国提供了一个重新"洗牌"的机会，使得落后国家通过发展新型主导产业实现经济的跨越发展和经济赶超成为可能，而这一"梦想"，在传统产业是不太可能实现的。10 年前我就亲耳听阿里巴巴董事长马云谈论过这个观点，当时还很不以为然，但现在互联网行业的繁荣已经成为现实，经过十余年发展，中国从互联网行业的追随者，发展成了名副其实的互联网大国——全球十大互联网企业中，中国占了四家。

当然，图灵革命也带来了不少令人焦虑的问题。如就业问题，根据牛津大学的研究，在未来的 20 年间，英国 35% 的劳动者和美国 47% 的劳动者将面临所从事的工作被新科技替代的危险，失业者主要集中在低收入人群；隐私问题，在大数据时代，很多个人行为已经没有什么隐私可言，很多个人信息将很容易被企业、商家、各种机构，甚至不法分子获取。

不管第四次革命对人类产生的是积极影响还是消极影响，人类都已经无法逃避。

我不知道"永远"有多远，但我们可以清楚地看到，未来正在以不可阻挡的趋势扑面而来！

Are You Ready?

最后，感谢汤宗翔、陈银萍、周晓丹在本书翻译过程中提供的帮助，感谢湛庐文化的编辑为本书出版所付出的努力！

于香港

湛庐，与思想有关……

如何阅读商业图书

商业图书与其他类型的图书，由于阅读目的和方式的不同，因此有其特定的阅读原则和阅读方法，先从一本书开始尝试，再熟练应用。

阅读原则1 二八原则

对商业图书来说，80%的精华价值可能仅占20%的页码。要根据自己的阅读能力，进行阅读时间的分配。

阅读原则2 集中优势精力原则

在一个特定的时间段内，集中突破20%的精华内容。也可以在一个时间段内，集中攻克一个主题的阅读。

阅读原则3 递进原则

高效率的阅读并不一定要按照页码顺序展开，可以挑选自己感兴趣的部分阅读，再从兴趣点扩展到其他部分。阅读商业图书切忌贪多，从一个小主题开始，先培养自己的阅读能力，了解文字风格、观点阐述以及案例描述的方法，目的在于对方法的掌握，这才是最重要的。

阅读原则4 好为人师原则

在朋友圈中主导、控制话题，引导话题向自己设计的方向去发展，可以让读书收获更加扎实、实用、有效。

阅读方法与阅读习惯的养成

（1）回想。阅读商业图书常常不会一口气读完，第二次拿起书时，至少用15分钟回想上次阅读的内容，不要翻看，实在想不起来再翻看。严格训练自己，一定要回想，坚持50次，会逐渐养成习惯。

（2）做笔记。不要试图让笔记具有很强的逻辑性和系统性，不需要有深刻的见解和思想，只要是文字，就是对大脑的锻炼。在空白处多写多画，随笔、符号、涂色、书签、便签、折页，甚至拆书都可以。

（3）读后感和PPT。坚持写读后感可以大幅度提高阅读能力，做PPT可以提高逻辑分析能力。从写读后感开始，写上5篇以后，再尝试做PPT。连续做上5个PPT，再重复写三次读后感。如此坚持，阅读能力将会大幅度提高。

（4）思想的超越。要养成上述阅读习惯，通常需要6个月的严格训练，至少完成4本书的阅读。你会慢慢发现，自己的思想开始跳脱出来，开始有了超越作者的感觉。比拟作者、超越作者、试图凌驾于作者之上思考问题，是阅读能力提高的必然结果。

扫码关注湛庐文化，
回复"阅读"
这5种方法，让读过的书变成你的影子

[特别感谢：营销及销售行为专家 孙路弘 智慧支持！]

乇 我们出版的所有图书，封底和前勒口都有"湛庐文化"的标志

并归于两个品牌

乇 找"小红帽"

为了便于读者在浩如烟海的书架陈列中清楚地找到湛庐，我们在每本图书的封面左上角，以及书脊上部47mm处，以红色作为标记——称之为"**小红帽**"。同时，封面左上角标记"**湛庐文化 Slogan**"，书脊上标记"**湛庐文化 Logo**"，且下方标注图书所属品牌。

湛庐文化主力打造两个品牌：**财富汇**，致力于为商界人士提供国内外优秀的经济管理类图书；**心视界**，旨在通过心理学大师、心灵导师的专业指导为读者提供改善生活和心境的通路。

乇 阅读的最大成本

读者在选购图书的时候，往往把成本支出的焦点放在书价上，其实不然。

时间才是读者付出的最大阅读成本。

阅读的时间成本=选择花费的时间+阅读花费的时间+误读浪费的时间

湛庐希望成为一个"与思想有关"的组织，成为中国与世界思想交汇的聚集地。通过我们的工作和努力，潜移默化地改变中国人、商业组织的思维方式，与世界先进的理念接轨，帮助国内的企业和经理人，融入世界，这是我们的使命和价值。

我们知道，这项工作就像跑马拉松，是极其漫长和艰苦的。但是我们有决心和毅力去不断推动，在朝着我们目标前进的道路上，所有人都是同行者和推动者。希望更多的专家、学者、读者一起来加入我们的队伍，在当下改变未来。

湛庐文化获奖书目

《大数据时代》
国家图书馆"第九届文津奖"十本获奖图书之一
CCTV"2013中国好书"25本获奖图书之一
《光明日报》2013年度《光明书榜》入选图书
《第一财经日报》2013年第一财经金融价值榜"推荐财经图书奖"
2013年度和讯华文财经图书大奖
2013亚马逊年度图书排行榜经济管理类图书榜首
《中国企业家》年度好书经管类TOP10
《创业家》"5年来最值得创业者读的10本书"
《商学院》"2013经理人阅读趣味年报·科技和社会发展趋势类最受关注图书"
《中国新闻出版报》2013年度好书20本之一
2013百道网·中国好书榜·财经类TOP100榜首
2013蓝狮子·腾讯文学十大最佳商业图书和最受欢迎的数字阅读出版物
2013京东经管图书年度畅销榜上榜图书,综合排名第一,经济类榜榜首

《牛奶可乐经济学》
国家图书馆"第四届文津奖"十本获奖图书之一
搜狐、《第一财经日报》2008年十本最佳商业图书

《影响力》(经典版)
《商学院》"2013经理人阅读趣味年报·心理学和行为科学类最受关注图书"
2013亚马逊年度图书分类榜心理励志图书第八名
《财富》鼎力推荐的75本商业必读书之一

《人人时代》(原名《未来是湿的》)
CCTV《子午书简》·《中国图书商报》2009年度最值得一读的30本好书之"年度最佳财经图书"
《第一财经周刊》· 蓝狮子读书会·新浪网2009年度十佳商业图书TOP5

《认知盈余》
《商学院》"2013经理人阅读趣味年报·科技和社会发展趋势类最受关注图书"
2011年度和讯华文财经图书大奖

《大而不倒》
《金融时报》· 高盛2010年度最佳商业图书入选作品
美国《外交政策》杂志评选的全球思想家正在阅读的20本书之一
蓝狮子·新浪2010年度十大最佳商业图书,《智囊悦读》2010年度十大最具价值经管图书

《第一大亨》
普利策传记奖,美国国家图书奖
2013中国好书榜·财经类TOP100

《真实的幸福》
《第一财经周刊》2014年度商业图书TOP10
《职场》2010年度最具阅读价值的10本职场书籍

《星际穿越》
国家图书馆"第十一届文津奖"十本奖获奖图书之一
2015年全国优秀科普作品三等奖
《环球科学》2015最美科学阅读TOP10

《翻转课堂的可汗学院》
《中国教师报》2014年度"影响教师的100本书"TOP10
《第一财经周刊》2014年度商业图书TOP10

湛庐文化获奖书目

《爱哭鬼小隼》
　　国家图书馆"第九届文津奖"十本获奖图书之一
《新京报》2013年度童书
《中国教育报》2013年度教师推荐的10大童书
　　新阅读研究所"2013年度最佳童书"

《群体性孤独》
　　国家图书馆"第十届文津奖"十本获奖图书之一
　　2014"腾讯网·嗅书局"TMT十大最佳图书

《用心教养》
　　国家新闻出版广电总局2014年度"大众喜爱的50种图书"生活与科普类TOP6

《正能量》
　　《新智囊》2012年经管类十大图书，京东2012好书榜年度新书

《正义之心》
　　《第一财经周刊》2014年度商业图书TOP10

《神话的力量》
　　《心理月刊》2011年度最佳图书奖

《当音乐停止之后》
　　《中欧商业评论》2014年度经管好书榜·经济金融类

《富足》
　　《哈佛商业评论》2015年最值得读的八本好书
　　2014"腾讯网·嗅书局"TMT十大最佳图书

《稀缺》
　　《第一财经周刊》2014年度商业图书TOP10
　　《中欧商业评论》2014年度经管好书榜·企业管理类

《大爆炸式创新》
　　《中欧商业评论》2014年度经管好书榜·企业管理类

《技术的本质》
　　2014"腾讯网·嗅书局"TMT十大最佳图书

《社交网络改变世界》
　　新华网、中国出版传媒2013年度中国影响力图书

《孵化Twitter》
　　2013年11月亚马逊（美国）月度最佳图书
　　《第一财经周刊》2014年度商业图书TOP10

《谁是谷歌想要的人才？》
　　《出版商务周报》2013年度风云图书·励志类上榜书籍

《卡普新生儿安抚法》《最快乐的宝宝1·0~1岁》
　　2013新浪"养育有道"年度论坛养育类图书推荐奖

延伸阅读

《与机器人共舞》

◎ 人工智能时代的科技预言家、普利策奖得主、乔布斯极为推崇的记者约翰·马尔科夫重磅新作！

◎ 迄今为止最完整、最具可读性的人工智能史。

◎ iPod 之父托尼·法德尔、美国艾伦人工智能研究所 CEO 奥伦·埃奇奥尼等重磅推荐！

扫码直达本书购买链接

《情感机器》

◎ 人工智能之父、MIT 人工智能实验室联合创始人马文·明斯基重磅力作首度引入中国。

◎ 情感机器 6 大创建维度首次披露，人工智能新风口驾驭之道重磅公开。

◎ 中国工程院院士李德毅专文作序。人工智能先驱、LISP 语言之父约翰·麦卡锡、著名科幻小说家阿西莫夫震撼推荐！

扫码直达本书购买链接

《人工智能的未来》

◎ 奇点大学校长、谷歌公司工程总监雷·库兹韦尔倾心之作。

◎ 一部洞悉未来思维模式、全面解析"人工智能"创建原理的颠覆力作。

◎ 中国当代知名科幻作家刘慈欣，畅销书《富足》《创业无畏》作者彼得·戴曼迪斯等联袂推荐！

扫码直达本书购买链接

《人工智能时代》

◎《经济学人》2015 年度图书。人工智能时代领军人杰瑞·卡普兰重磅新作。

◎ 拥抱人工智能时代必读之作，引爆人机共生新生态。

◎ 创新工厂 CEO 李开复专文作序推荐！

扫码直达本书购买链接

《虚拟人》

◎ 比史蒂夫·乔布斯、埃隆·马斯克更偏执的"科技狂人"玛蒂娜·罗斯布拉特缔造不死未来的世纪争议工作。

◎ 终结死亡，召唤永生，一窥现实版"弗兰肯斯坦"的疯狂世界。

《脑机穿越》

◎ 脑机接口研究先驱、巴西世界杯"机械战甲"发明者米格尔·尼科莱利斯扛鼎力作！

◎ 外骨骼、脑联网、大脑校园、记忆永生、意念操控……你最不可错过的未来之书！

◎ 2016 年第十一届"文津图书奖"科普类推荐图书 15 种之一！

◎ 清华大学心理学系主任彭凯平，2003 年诺贝尔化学奖得主彼得·阿格雷等联袂推荐。

《图灵的大教堂》

◎《华尔街日报》最佳商业书籍、加州大学伯克利分校全体师生必读书。

◎ 代码如何接管这个世界？三维数字宇宙可能走向何处？

◎《连线》杂志联合创始人凯文·凯利、联结机发明者丹尼尔·利斯、《纽约时报书评》《波士顿环球报》等联袂推荐！

The Fourth Revolution: How the infosphere is reshaping human reality by Luciano Floridi.

Copyright © Luciano Floridi，2014

All rights reserved.

本书中文简体字版由作者授权在中华人民共和国境内独家出版发行。未经出版者书面许可，不得以任何方式抄袭、复制或节录本书中的任何部分。

版权所有，侵权必究。

图书在版编目（CIP）数据

第四次革命 /（意）弗洛里迪著；王文革译 . —杭州：浙江人民
出版社，2016.5

ISBN 978-7-213-07230-7

Ⅰ.① 第 … Ⅱ.① 弗 … ② 王 … Ⅲ.① 人 工 智 能 — 研 究
Ⅳ.① TP18

中国版本图书馆 CIP 数据核字（2016）第 059135 号

浙江省版权局
著作权合同登记章
图字：11-2015-277 号

上架指导：科技 / 人工智能

第四次革命

作　　者：［意］卢西亚诺·弗洛里迪　著

译　　者：王文革　译

出版发行：浙江人民出版社（杭州体育场路 347 号　邮编　310006）

　　　　　市场部电话：（0571）85061682　85176516

集团网址：浙江出版联合集团　http://www.zjcb.com

责任编辑：姜井勇　金 纪

责任校对：姚建国

印　　刷：北京鹏润伟业印刷有限公司

开　　本：720mm × 965 mm 1/16　　　　印　　张：18.25

字　　数：21.6 万　　　　　　　　　　　插　　页：3

版　　次：2016 年 5 月第 1 版　　　　　印　　次：2016 年 10 月第 2 次印刷

书　　号：ISBN 978-7-213-07230-7

定　　价：64.90 元